支持物理交互和信号流仿真的 SysML 扩展

高星海　王卓奇　郭志奇　编著

北京航空航天大学出版社

内 容 简 介

本书的目的在于呈现支持赛博物理系统交互仿真的SysML扩展的基本原理和技术路径，读者将从本书中理解并掌握与物理交互和信号流仿真的模型设计、仿真运用的关键问题以及解决思路，并可从与相关软件工具的应用介绍中得到有关模型开发、模型库建立的有益指南。在MBSE应用中，工程实践人员将学习借助统一的系统建模语言解决跨学科交互仿真的建模技术问题。同时，该书还可作为系统工程、赛博物理系统、自主系统等方向研究生的教材，使其有机会系统地学习关于物理交互和信号流仿真的最新理论，并通过具体步骤、案例讲解等的指导，领悟MBSE应用中所倡导的协同建模、协同仿真等相关新型技术的基本方法和实现方式。

图书在版编目（CIP）数据

支持物理交互和信号流仿真的SysML扩展 / 高星海，王卓奇，郭志奇编著. --北京：北京航空航天大学出版社，2023.12

ISBN 978-7-5124-4312-9

Ⅰ.①支… Ⅱ.①高… ②王… ③郭… Ⅲ.①计算机仿真—系统建模 Ⅳ.①TP391.92

中国国家版本馆CIP数据核字（2024）第025663号

支持物理交互和信号流仿真的 SysML 扩展

高星海　王卓奇　郭志奇　编著

策划编辑　董宜斌　　责任编辑　董宜斌

*

北京航空航天大学出版社出版发行

北京市海淀区学院路 37 号（邮编 100191） http://www.buaapress.com.cn

发行部电话：（010）82317024　传真：（010）82328026

读者信箱：copyrights@buaacm.com.cn　邮购电话：（010）82316936

涿州市新华印刷有限公司印装　各地书店经销

*

开本：710 × 1000　1/16　印张：9.5　字数：208 千字

2024 年 1 月第 1 版　2024 年 1 月第 1 次印刷

ISBN 978-7-5124-4312-9　定价：79.00 元

前 言

今天我们所需应对的复杂系统中最突出的特征是由物理、控制、通信、计算和网络等多个方面的交互和集成，未来多学科的系统都将是赛博物理系统（简称 CPS）。当前，随着各类赛博物理系统概念化构思和规模化运行的不断涌现，而我们面对工程的雄心和自信心将受到质疑，因为仅是凭借那些分散在单个学科的专家和知识以及朴实的工程实践能力，已远远无法支持寻求和维系具有错综复杂交互组件构成的宏大的解决方案。面对未来复杂的工程化系统的发展趋势，系统工程的进步方向不仅突出对技术约束的考虑，而且更将会涉及消除如物理及数据交互带来的影响。

在基于模型的系统工程（MBSE）的整体理论以及系统化的设计方法、技术和工具的支持下，我们亟待依赖建立单一的、形式化的系统建模语言，通过恰当的扩展来表示系统中组件之间物理交互与信号流之间的相互作用，并解决两类迥然不同的问题：1）系统组件之间交换携带着能量物质的物理交互，组件的行为由与流率、势能和组件变量相关的方程所决定，而在仿真中物理交互更适于表示具有实体物质交换组件的系统；2）系统组件按照预定方向交换数值和布尔值的信号流，其组件行为是由相关的输入、输出和组件变量的方程来指定的，而信号流更适于描述控制和信号处理系统。

对象管理组织（OMG）的 SysPhS 标准应用 SysML 的扩展支持物理交互和信号流的仿真，其优点在于定义了 SysML 模型和 Modelica 或 MATLAB Simulink / Simscape 模型之间转换的标准，并提供了一种用于定义和共享仿真的、基于模型的简洁方法，从而支持系统工程师和其他的专业工程师之间开展跨学科的沟通。通过针对 SysML 增加附加仿真信息的特点，SysPhS 的构造型（stereotype）特别强调在模型中而不是在具体仿真软件配置中来定义模型的特性，从而扩展出了独立于仿真平台的物理交互仿真模型以及信号流仿真模型，并提供了人可理解的数学表达式的文本句法，同时可在系统模型中创建可重用的仿真元素的 SysML 库。

本书内容源自 OMG 的《支持物理交互和信号流仿真的 SysML 扩展》标准规范（版本 1.1）的内容，重点在于突出其技术部分，介绍由 SysML 扩展来定义支持物理交互和信号流仿真的公共特征的基本方式，这部分特征在 SysML 中原本并不存在；描述一种与平台无关的、分别用以表示不透明表达式和不透明行为的方程式和算法语句的语言；讲解模型转换到仿真平台之前执行的 SysML 预先处理过程；说明经过上述扩展的 SysML 模型如何与多种仿真平台（Modelica 和 Simulink，包括 Simulation 扩展，如 Simscape）之间的转换关系；针对组件交互和行为定义，指导我们来定义一个与平台无关、支持重用的仿真组件库。

本书的目的在于呈现支持赛博物理系统的交互仿真的 SysML 扩展的基本原理和技

术路径，读者将从本书中理解并掌握与物理交互和数据流仿的模型设计和仿真运用的关键问题以及解决思路，并可从与相关软件工具的应用介绍中得到有关模型开发、模型库建立的有益指南。在 MBSE 应用中，工程实践人员将学习借助统一的系统建模语言解决跨学科交互仿真的建模技术。同时，该书还可作为系统工程、赛博物理系统、自主系统等方向研究生的教材，使其有机会可系统地学习关于物理交互和数据流仿真的最新理论，并通过具体步骤、案例讲解等的指导，领悟 MBSE 应用中的倡导的协同建模、协同仿真等相关新型技术的基本方法和实现方式。

作者

2023 年 12 月

目　录

第1章 范 围

系统工程师需要协调多个工程学科（包括机械、材料、电气、控制等）的工作，并和其他学科的工程师之间持续进行着信息的交换。虽然系统工程的信息刻意不涵盖所有的工程领域，但是必须与其他工程领域集成，从而确保系统工程师能够与其他工程师进行沟通。通常情况下，独立于系统建模工具而分别使用各个领域的特定工具将会造成冗余、不一致和低效率的工程流程。

许多工程学科（机械、电气等）使用仿真工具，相关的仿真工具提供了图形化界面来链接系统的组件，然后通过求解由图形模型所生成的方程来报告随时间变化的系统特性的预测值。链接的组件可在物理上（机械、电气等）相互交互或者彼此之间发送数值信号（见第6.1节有关物理交互和信号流之间的区别）。为了描述数值系统特性随时间的变化，这些工具生成常微分方程和代数微分方程，并通过求解这些方程来预测系统行为。我们将这些模型有时称为集总参数（lumped parameter）或一维（1-D）模型，而在本书中则将其称为物理交互和信号流，进而强调其应用方式（或者简称为仿真模型）。与分布式仿真模型（如有限元分析）中的行为规范考虑组件之间或组件内部的物理距离不同，这种仿真的规定并不考虑组件之间或组件内部的物理距离。更多信息见第6.1节。

由物理交互和信号流仿真器所表示的图形化接口，表达着与系统建模语言（SysML）相似的概念，而SysML是统一建模语言（UML）的扩展。这两种语言都可用于表明系统组件组成、组件之间连接以及组件之间的物质和信息的流动方式。SysML和这些仿真器均具有底层的文本语言，以计算机可处理的文件格式来记录模型。仿真器将通过图形化界面将指定模型转换为基于文件的格式，然后将其转换为通过数值分析求解的方程。基于SysML的工具将使用各自领域基于文件的格式执行其他类型的分析和验证，并根据需求检查设计的完整性。

当独立使用SysML工具以及物理交互和信号流仿真器时，仿真工程师必须在使用的各个工具中分别重新定义系统，其中包括SysML模型中已有的可用信息。如果在SysML中提供了执行物理交互和信号流仿真所需的信息，并在SysML和仿真语言之间定义转换规则，则无需做这些额外的工作。

本书主要包含：

- 通过增加所需的额外信息扩展SysML，从而可使系统工程师独立于仿真平台支持物理交互和信号流仿真的建模；
- 对于数学表达式提供人可使用的文本句法；
- 包括一个与平台无关的SysML仿真元素库，可在系统模型中重复使用；

- 提供了上述扩展 SysML 与两种广泛用于物理交互和信号流仿真语言及工具之间的转换。

通过以上的扩展、表达式语言、库以及转换，SysML 和仿真语言之间的公共信息仅需在 SysML 中一次定义即可转换到仿真器中，而无需为每种仿真语言和工具进行手动再次编码。这个库支持通过重用库元素以更加快速地建立 SysML 仿真模型，而不是针对每个应用重构它们。总之，这些能力将更有效地为 SysML 模型及流程与物理交互和信息流仿真的集成提供基础。

第 2 章　符合性

如需证明某一工具符合本书，必须至少满足以下的任一点。

- **抽象句法的符合性。**证明工具抽象语法的符合性，提供用户界面和（或）API，从而确保：
    - ◇ 能够创建、读取、更新和删除根据本书中定义的具体构造型（stereotypes）实例（是对 UML 元类实例构造型的应用），包括从这些实例到 UML 元素实例以及 SysML 构造型实例的链接和引用。
    - ◇ 符合本书中定义的数学表达式语言，能够创建、读取、更新和删除不透明表达式和不透明行为的主体和语言。
    - ◇ 能够创建和删除本书中定义的模型库元素的链接和引用。

这些工具还提供一种方法，用于确认本书中定义的构造型、语法和模型库元素的合理形式。

- **具体语法的符合性。**证明工具的具体句法的符合性，提供用户界面和（或）API，能够创建、读取、更新和删除本书中定义的数学表达式语言以及上述定义的 SysML 抽象句法的标记符号。参阅 SysML 规范以了解有关 SysML 标记符号符合性的更多信息。
- **模型互换的符合性。**证明工具的模型交换的符合性，能够将所有依据本书开发的有效模型导入和导出为符合要求的 XMI。模型交换的符合性意味着抽象句法的符合性。
- **模型转换的符合性。**证明工具的模型转换的符合性，能够根据本书实现扩展的 SysML 和仿真模型之间的双向或单向的转换。

第 3 章　引　用

3.1　规范性引用

下列规范性文档包含通过引用而构成本书的条款。对于表明日期的参考文献，这些出版物之后的任何修改或修订都将不再适用于本书。

[1] Object Management Group, “OMGUnified Modeling Language，version 2.5.1”，http：//www.omg.org/spec/ UML/2.5.1, December 2017.

[2] Object Management Group, “OMGSystems Modeling Language, version 1.6”，http：//www.omg.org/spec/SysML/1.6, November 2019.

[3] Modelica Association, “Modelica® -A Unified Object-Oriented Language for Systems Modeling, Language Specification, version 3.4”，http：//www.modelica.org/documents/ModelicaSpec34.pdf, April 2017.

[4] Modelica Association, “Modelica Standard Library”，https：//github.com/modelica/Modelica.

[5] International Organization for Standardization, “ISO/IEC 14977: 1996 Information technology-Syntactic metalanguage-Extended BNF”，http：//www.iso.org/standard/26153.html, 1966.

[6] International Organization for Standardization, “ISO 80000-1: 2009 Quantities and units — Part 1: General”，http：//www.iso.org/standard/30669.html，2009.

3.2　非规范性引用

[1] Kecman，V., State-Space Models of Lumped and Distributed Systems, Springer-Verlag，1988.

[2] Cellier, F., Elmqvist, H., Otter，M., “Modeling from Physical Principles，” in Levine, W., Control System Fundamentals, pp. 99-108, CRC Press, 1999.

[3] Raven, F., Automatic Control Engineering（Fifth Edition），McGraw-Hill, January 1995.

[4] The MathWorks, Inc., “Simulink® Documentation”，https：//www.mathworks.com/help/releases/R2016a/ simulink/, 2016.

[5] The MathWorks，Inc., “Simscape™ Documentation”，https：//www.mathworks.

com/help/releases/ R2016a/physmod/simscape/, 2016.

[6] The MathWorks, Inc., "MATLAB® Documentation", https://www.mathworks.com/help/releases/R2016a/matlab, 2016.

[7] The MathWorks, Inc., "StateFlow® Documentation", https://www.mathworks.com/help/releases/R2016a/ stateflow, 2016.

[8] Bock, C., Barbau, R., Matei, I., Dadfarnia, M., "An Extension of the Systems Modeling Language for Physical Interaction and Signal Flow Simulation", Systems Engineering, vol. 20, no. 5, pp. 395-431, 2017.

[9] Pop, A., Sjölund, M., Asghar, A., Fritzson, P., Casella, F., "Integrated Debugging of Modelica Models", in Modeling, Identification and Control, vol. 35, no. 2, pp. 93-107, 2014.

[10] Dadfarnia, M., Barbau, R., "Platform-Independent Debugging of Physical Interaction and Signal Flow Models", Proceedings of the 13th Annual IEEE International Systems Conference, 2019.

第4章　术语和定义

就本书而言，除非特别限定，“仿真”将指针对物理交互和信号流的仿真。有关这种仿真的更多信息，参阅第1章。

构造型名称有时将用以替代应用的构造型基类实例。例如，“PhSVariable typed by Real”短语是指一个应用 PhSVariable 构造型并由 Real 类型化的特征。

第 5 章　对象管理组织

对象管理组织（Object Management Group，简称 OMG）成立于 1989 年，是一个开放的会员组织，是非营利性的计算机行业标准协会，它为分布式、异构环境中的可互操作、可移植和可重用的复杂组织应用创建和维护计算机行业规范。其成员包括信息技术供应商、最终使用者、政府机构和学术界。

OMG 成员根据一个成熟的、开放的流程来编写、采纳和维护其规范。OMG 规范实现了模型驱动的架构（Model Driven Architecture®，MDA®），以通过全生命周期的复杂组织集成方法最大化投资回报率（ROI），该规范涵盖了多个操作系统、编程语言、中间件和网络基础设施以及软件开发环境。OMG 规范包括：UML®（统一建模语言™）；CORBA®（公共对象请求代理架构）；CWM™（公共仓库元模型），以及几十个垂直市场的行业特定标准。

更多关于 OMG 的信息可以在网站 https://www.omg.org/ 中查询。

第 6 章　附加信息

6.1　信号流与物理交互仿真的对比

物理交互与信号流之间的差异主要在于组件如何相互作用，并解决两类不同的问题。

- 在信号流建模中，系统组件按照预定方向（单向）交换数值和布尔值。对于每个组件，一些值由其他组件提供（作为输入），而另外一些值则提供给其他组件（作为输出）。组件之间的连接表示值从源组件的一个输出传递到目标组件的一个或多个输入的值。组件行为是由相关的输入、输出和组件变量的方程来指定的。信号流特别适于描述控制系统和信号处理系统。
- 在物理交互中，系统组件之间交换携带能量的有形物质，能量传递的方向由仿真所决定（可能是双向的）。每个交换都将使用两个数值（实体物质的流率和流势，就其守恒特性而言）进行建模，而不同于信号流中的一个值（可能是布尔值）且不涉及实体物质。在物理交互中，物质在各组件之间流动的方向不是预先决定的，就像在信号流动中的值一样。物理交互中组件的行为由与流率、流势和组件变量相关的方程所决定。在仿真中，物质在各组件之间流动方向是确定的并可在仿真中改变。物理交互更适于表示具有实体物质交换组件的系统。

在实践中，通常将物理交互和信号流组合到同一个模型中。例如，许多系统都具有由控制系统通过传感器和作动器引导的物理组件。

6.2　如何阅读本书

第 1 章至第 6 章包含阅读本书的背景和基础。第 1 章描述本书的目标和预期的读者。第 2 章定义符合性。第 3 章列出其他规范和文档，其中通过本书的引用而构成本书的条款。第 4 章包含本文档中使用的术语、缩写和符号的定义。第 5 章介绍了对象管理组织的相关信息。第 6 章提供本书的附加信息。

第 7 至 11 章是本书的技术部分。第 7 章定义支持物理交互和信号流仿真的 SysML 扩展。第 8 章定义一种用于表示方程和算法语句表达式的语言。第 9 章定义在转换到仿真平台之前必须执行的 SysML 模型的预先处理。第 10 章提供扩展的、预处理的 SysML 模型以及其与 Modelica 和 Simulink 两个仿真平台之间的转换（包括 Simulation

扩展，如 Simscape）。第 11 章定义 SysML 中与平台无关的仿真库，但其组件对应于平台相关的库组件。

附录 A 给出其他示例，说明如何使用第 7、8 和 11 章的内容。附录 A 给出由 SysPhS 扩展的 SysML 模型中用于物理交互和信号流与平台无关的调试查错流程的概述，并说明将其应用到附录 A 中的一个示例。

第 7 章　支持物理交互和信号流仿真的 SysML 扩展

7.1 介　绍

本章定义了支持物理交互和信号流的 SysML 扩展，由此反映各种物理交互和信号流平台的公共特征，而这些内容原本在 SysML 中并不具备。本章概括了该扩展的规范，更多信息将在 10.6 和 10.7 节中给出。

7.2 仿真的扩展集（profile）

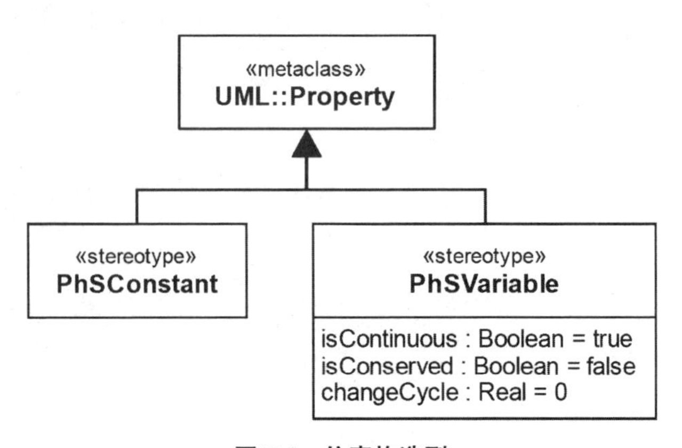

图 7.1　仿真构造型

7.2.1 PhSConstant

包（Package）：SysPhS。

是否抽象（isAbstract）：No。

扩展的元模型（Extended Metaclass）：特性（Property）。

1. 描述

PhSConstant 是在仿真运行中不会改变的数值，而其他数值将在仿真运行中改变。

2. 约束

[1] 由 PhSConstant 所构造的特性必须使用 Real、Integer 和 Boolean 或它们某一

特化而类型化。

[2] 由 PhSConstant 所构造的特性的多重性必须为1，除非其也可由多维元素（MultidimensionalElement）所构造（见 11.5 节）。

[3] 由 PhSConstant 所构造的特性不能重定义多于一个的其他特性，其必须具有相同的名称和类型，并且必须由 PhSVariable 或 PhSConstant 所构造。

3. 标记符

构造型标签是引号中的“phsConstant”。

带有“phs constant”标签的分区作为块定义的一部分，可列出由 PhSConstant 所构造的特性。这些特性省略“《phsConstant》”前缀。

7.2.2　PhSVariable

包（Package）：SysPhS。

是否抽象（isAbstract）：No。

扩展的元模型（Extended Metaclass）：特性（Property）。

1. 描述

PhSVariable 值可以以连续或离散的方式随时间变化。连续变量具有与相邻时间点相近的值。离散变量具有与相邻时间点之前或之后相同的值，或前值、后值两者都是相同的。连续变量随时间平稳变化，包括可能保持一个不变的常数，而离散变量在某一时段内是常量，而后在另一时段内瞬间变到一个可能差距很大的值。离散变量可限制在仅以规律的时间间隔（变化周期大于零）而改变的值，并且不要求它们在每个间隔都发生改变。连续或离散的变量并不意味着对其取值范围有任何限制，在此只是表示这些值随时间变化的方式有所不同。

PhSVariable 用于对如下所述的组件之间的交换（物理交互和信号流）以及组件内的行为进行建模（见 6.1 节），如下所述。

在块（block）上对组件交互进行建模，用以描述交互的事物，而不在块之间的关联上进行建模。将交互块类型化为构件（Part）和端口（Port）。使用 PhSVariable 和流特性对组件交互进行建模。

- 将物理交互指定为流入流出（inout）的流特性类型化为块，表征为根据物质守恒特征而穿越它们边界的物质，例如，将流过对象边界的电子建模为电荷流，而不是电子流。类型化流特性的块（间接地）特化为 ConservedQuantityKind，每个都将以组件之间流守恒的物理特性（数量类型）得以命名（见 11.2.2 小节）。这些块使用两个 PhSVariable 来描述流，一个是守恒的，另一个是非守恒的。
- 将信号流指定为输入或输出流特性是非守恒的 PhSVariable，将其类型化为信号种类（数字或布尔）。

块上的连接流特性（Connected flow properties）类型化为构件（part）或端口

（port），使用连接器连接它们。在 SysML 中定义匹配流特性（Matching flow properties），物理交互和信号流仅能发生在连接流特性和匹配流特性之间，并满足以下所描述的约束。

在物理交互中：

- 守恒的 PhSVariable 给出物质经过对象边界的流速（flow rate），作为流特性类型化数量类型的速率。例如，流体可能会流过容器的边界，而流量是以单位时间的体积（一种流特性的数量类型）的形式给出，并不考虑流体的类型。当连接和匹配物理流特性时，在所有端类型上守恒的 PhSVariable 值总和为零，正、负流率表示流向方向相反的流。
- 非守恒的 PhSVariable 给出物质穿越边界的流势（potential to flow），无论任何物质是否穿越边界，相同数量类型的势能可以与守恒的 PhSVariable 成对地出现。例如，具有很高的势能流体可能流动到容器的边界，这个势能表现为压力（单位表面的力）。无论流体是否穿越边界，且不考虑是哪种类型的流体，当连接和匹配物理流特性时，非守恒的 PhSVariable 值在所有端是相等的。

在信号流中：

- PhSVariable（也是流特性）给出一个穿越对象边界的数字或布尔值。当连接和匹配信号的流特性时，它们在所有端的值都是相等的，其作用类似于非守恒的 PhSVariable。

组件行为可针对块来定义，并类型化为构件（component block，组件块），而不是端口。组件可能通过其传递实体物质和信号，也有可能在传递中转换或者创建、销毁或存储。将这些行为指定为约束块并应用到组件块上，这些约束是相关值的数学方程：

- 流特性的 PhSVariable（流变量，用于对上述的组件交互进行建模）；
- 非流特性的 PhSVariable（组件变量，组件的内部并不用于对上述组件交互的建模）。守恒（或非守恒）的概念不适于这些（因为其与其他组件的交互无关），因此将其指定为非守恒的。

流变量的约束用以指定组件对于流过拥有流特性的实体物质或信号的影响，并可能依赖于组件变量。组件变量可给出以下值：

- 物理流特性之间的势能差。对于实体物质流经一个组件时，这些差必须是非零的；
- 实体物质流经一个组件的速率。当创建、销毁、转换组件或存储物质时，实体物质流经一个组件的速率与经过流特性的流率有所不同；
- 内部状态，例如，当前存储多少的实体物质、组件的温度或信号积分器的当前值。

2. 属性

- isContinuous：Boolean = true，决定特性值的变化形式是连续或非连续；
- isConserved：Boolean = false，决定特性值是守恒或非守恒；

- changeCycle：Real = 0，指定离散特性值变化的时间间隔。

3. 约束

[1] 所构造的特性必须由实数、整数、布尔值或其特化来类型化。

[2] isContinuous 为 true，仅当在所构造的特性使用 Real 或其特化来类型化时。

[3] isConserved 为 true，仅当 isContinuous 为 true 且由 ConservedQuantityKind 特化块所构造的特性（见 11.2.2 小节）。

[4] 仅当 isContinuous 为 false 时，changeCycle 为非 0 值。

[5] changeCycle 必须是正或 0。

[6] PhSVariable 所构造的特性不能由 PhSConstant 构造。

[7] 除非 PhSVariable 所构造的特性由 MultidimensionalElement 构造，否则 PhSVariable 所构造的特性的多重性必须为 1（见 11.5 节）。

[8] PhSVariable 所构造的流特性在连接和匹配时，必须具有相反的方向（in/out 或 out/in）、相同的类型和多重性，以及在所应用的构造型上与 isContinuous 具有相同的值。

[9] 具有输入方向的由 PhSVariable 所构造的流特性，在一定方向上最多可连接或匹配一个由另一个 PhSVariable 所构造的流特性。

[10] PhSVariable 所构造的流特性，最多可重新定义一个特性，但它必须具有相同的名称和类型，并且必须由 PhSVariable 所构造。

[11] 当 PhSVariable 所构造的特性具有 isContinuous = true，当重新定义一个特性时，应用于重新定义特性的 PhSVariable 也必须具有 isContinuous = true。

[12] 当 PhSVariable 所构造的特性具有 isContinuous = false，并且重新定义一个由 PhSVariable 构造的特性具有 isContinuous = false 时，重新定义的特性的改变周期（changeCycle）必须是已重新定义特性的改变周期的整数倍。

4. 标记符

构造型标签是引号中的“phsVariable”。

具有“phs variables”标签的分区可作为块定义的一部分出现，用以列出 PhSVariable 所定义的特性。特性省略“《phsVariable》”前缀。

具有“physical interactions”标签的分区可作为块定义的一部分出现，用以列出 ConservedQuantityKind 所特化而来的块所类型化的流特性，这些流特性具有一个守恒的和一个非守恒的 PhSVariable 变量（见 11.2.2 小节）。

具有“signal flows”标签的分区可作为块定义的一部分出现，以列出应用 PhSVariable 的流特性。

第 8 章　描述数学表达式的语言

本章描述了一个与平台无关的数学表达式的文本语言，该语言用于以下的主体（body）：

- 约束的不透明表达式（OpaqueExpression），对应于方程式；
- 不透明行为（OpaqueBehavior），对应于算法语句。

在主体中使用该语言表示的不透明表达式和不透明行为时，应在语言中包含一个相关的“SysPhS”字符串。

SysPhS 表达式语法包括 Modelica 语法的一个子集，包括：

- 所有的终结符；
- 非终结符，如下所示：

equation, statement, if-equation, if-statement, for-statement, for-indices, for-index, while-statement, expression, simple-expression, logical-expression, logical-term, logical-factor, relation, relational-operator, arithmetic-expression, add-operator, term, mul-operator, factor, primary, name, component-reference, function-call-args, function-arguments, function-argumentsnon-first, named-arguments, named-argument, function-argument, output-expression-list, expression-list, array-subscripts, subscript。

以上 Modelica 语法中未列出的符号不包括在 SysPhS 表达式语法中。上述符号的语义已在 Modelica 中给出（与 MATLAB 中相同，对于 Simulink、Simscape 和 StateFlow，假设按照在 10.13 节中的转换）。

以下非终结符包含在 SysPhS 表达式语法中，用于指定一系列语句的执行，以扩展的 BNF（Backus-Naur Form，巴科斯 – 诺尔范式）来表达。

```
statements:{statement";"}
```

当在不透明表达式中使用非终结符时，根非终结符必须是方程式；当在不透明行为中使用非终结符时，根非终结符必须是语句。

以下是 SysPhS 表达语言中可用的函数：abs、sign、sqrt、div、mod、rem、ceil、floor、sin、cos、tan、asin、acos、atan、atan2、sinh、cosh、tanh、log、log10、exp、der。已在 Modelica 中给出这些函数的语义（与 MATLAB 中相同）。

第 9 章　SysML 模型预处理

9.1 介　绍

本章定义了将 SysML 模型转换到符合第 10 章仿真平台之前所需执行的预处理，通过转换得到 SysML 建模模式，而这在第 10 章中并不涉及。9.2 节涉及关联块，9.3 到 9.5 节描述如何处理流特性和连接器模式。预处理应按照以下章节中的顺序进行，在这些章节中，使用 PhSVariable 流特性或块（间接地）类型化来特化 ConservedQuantityKind，则将其称为仿真流特性。

9.2　使用关联块的内部结构来替代由关联块所类型化的连接器

9.2.1　目的

许多物理现象是由于两个系统组件之间的关系而产生的。例如，当两物体表面接触并做相对运动时，会发生摩擦并伴随着热的产生。SysML 包含用于对复杂关系建模的关联块，这在仿真模型中并不可用。在按照第 10 章的对应关系转换到仿真平台之前，由关联块定义的连接器必须被其关联块的内部结构进行替代。

9.2.2　预处理前的 SysML 模型

SysML 关联块既是关联也是块，就像关联一样，用于表示两个块之间的关系，同时具有结构的特征，就像块一样。图 9.2 展示的示例，包括上半部分 SysML 块定义图中的关联块，以及在下半部分内部块图中的应用。图 9.2 上半部分表示一个关联块 FrictionAssociation 与 Flange（法兰）块关联。FrictionAssociation 关联块的内部结构包含一个类型化为具有两个端口的 Friction（摩擦）构件，每个端口都连接到该关联的参与者。图 9.2 下半部分包含一个类型化为 FrictionAssociation 关联块的连接器，由其连接在 Mass（质量）与 Ground（地面）两个 Flange 之间。

9.2.3　处理后的 SysML 模型

由关联块所类型化的连接器，包括连接器特性和被关联块的内部结构替代。

图 9.2 显示了图 9.1 的结构经处理后的内容，图 9.1 中的连接器 fa 及其特性由关联块 FrictionAssociation 的内容所替代，并在图 9.2 中移除了连接器及其特性和关联块。质量 Flange 和地面 Flange 取代关联块的参与者特性，并以关联块的相同方式连接到类型 Friction 的块 f 上。图 9.1 中的块定义图并不改变。

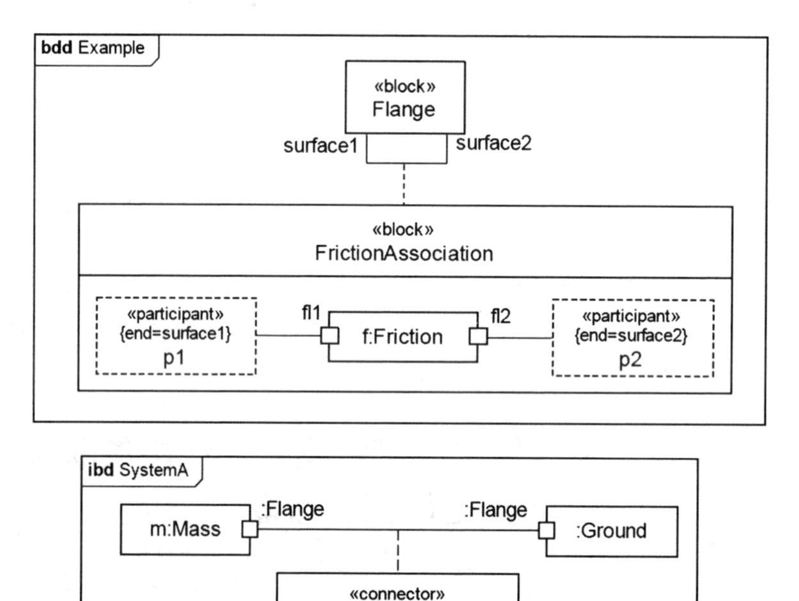

图 9.1　SysML 中定义的具有内部结构的关联块以及连接器特性

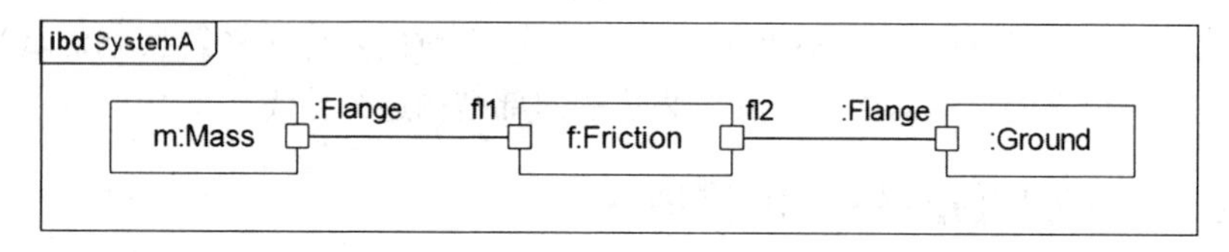

图 9.2　SysML 中定义的具有内部结构关联块和连接器特性

9.3　将非仿真端口转换为构件

9.3.1　目的

SysML 支持块对端口进行类型化，这些端口除了支持仿真流特性以外还具有其他特性，而仿真模型并不支持。在按照第 10 章所述内容转换到仿真平台之前，必须将这些端口转换为构件。

9.3.2　处理前的 SysML 模型

图 9.3 显示了一个 Wheel 类型的端口，该端口包含一个特性 radius，并且其不是仿真流特性。

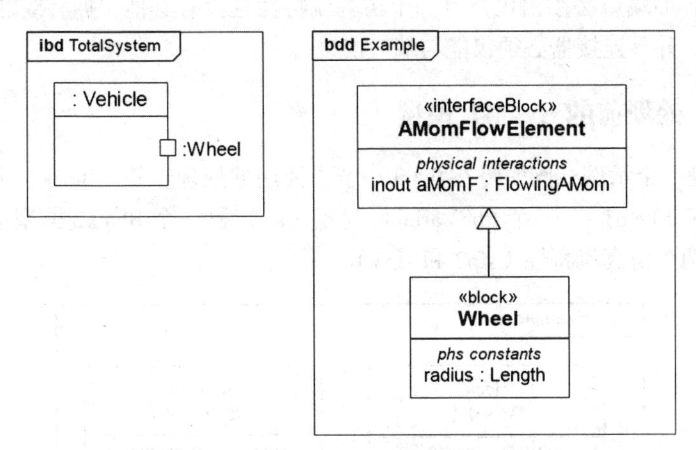

图 9.3　SysML 中具有内部结构和连接器特性的关联块

9.3.3　处理后的 SysML 模型

由块类型化的端口，除了仿真流特性（所拥有或继承的）之外还具有其他特性，这类端口可转换为常规的构件。图 9.4 将图 9.3 中的 Wheel 类型化的端口转换为一个构件。在此步骤中，特性不会以任何其他方式进行更改，包括与其连接的连接器（在之后的处理中，将处理特性的外部连接器）。图 9.3 中的块定义图并没有改变。

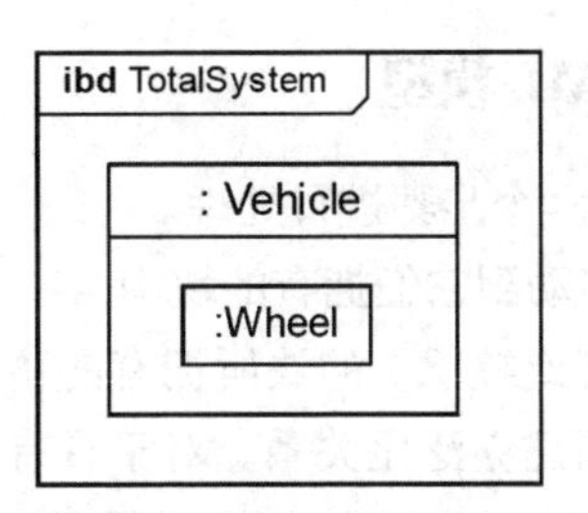

图 9.4　SysML 中具有内部结构和连接器特性的关联块

9.4　分离拥有多个仿真流特性的块，并类型化构件和端口

9.4.1　目的

SysML 块可在构件和端口上具有多个流特性，但仿真模型仅在端口类型上具有流特性，而按照第 10 章中对应的要求，每个端口仅有一个流特性。通过泛化 SysML 类

型化的构件或端口的块，可具有相同或共享的特性，但是仿真模型使用独立的构件和端口类型。SysML 连接器可与构件连接，但仿真模型仅能与端口连接。在按照第 10 章描述，SysML 构件转换到仿真平台之前，必须由不具有仿真流特性（拥有或继承）的块来类型化；而端口必须由仅具有一个仿真流特性且没有其他（拥有或继承）特性的块来类型化，并且连接器必须仅能与端口连接。

9.4.2 处理前的 SysML 模型

图 9.5 是一个示例，阐明将在 9.4.3 小节中使用的处理步骤。Block1 具有两个仿真流特性（sfp0 和 sfp1）、一个 PhSVariable 变量（sv）和一个 Block2 类型的端口（p）。Block2 具有两个仿真流特性（sfp2 和 sfp3）。

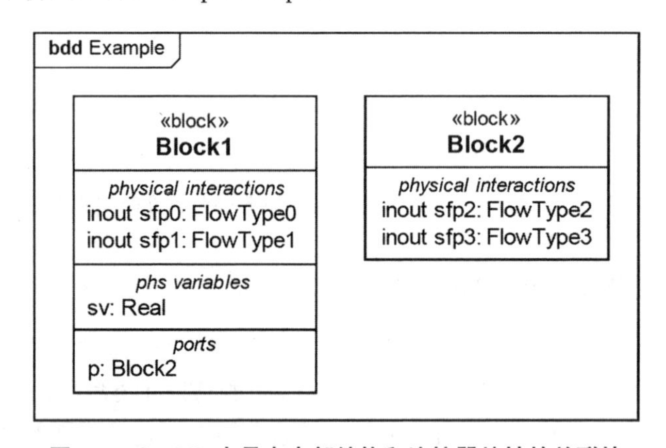

图 9.5　SysML 中具有内部结构和连接器特性的关联块

9.4.3 处理后的 SysML 模型

图 9.5 中的模型将由以下六个步骤进行处理。

9.4.3.1　将仿真流特性移动到它们拥有的块中

具有非仿真流特性（拥有或继承）的块所拥有的仿真流特性会被移动到一个新的块中，并在新块和原始块之间建立泛化关系。对于具有多个仿真流特性且没有其他特性的块也要这样做，直到仅有一个仿真流特性仍保留在原来的块中。图 9.6 展示了如何从图 9.5 的块中移出仿真流特性。将 Block1（sfp0 和 sfp1）的两个仿真流特性移动到两个不同的块（Sfp0Type 和 Sfp1Type）中，两者泛化 Block1。在 Block2 中，第一个仿真流特性（sfp2）保留在原来的块中，而第二个仿真流特性（sfp3）被移动到一个新的块（Sfp3Type）并泛化 block2。

9.4.3.2　为继承于非仿真流特性的块添加仿真流特性端口

针对每个直接继承于其拥有块的仿真流特性，将端口添加到具有非仿真流特性（拥有或继承）的块中，就像第 9.4.3.1 节描述的那样，端口类型是拥有所继承的仿真流特性的块。在图 9.6 中，Block1 具有非仿真流特性，以及直接从拥有它们的块

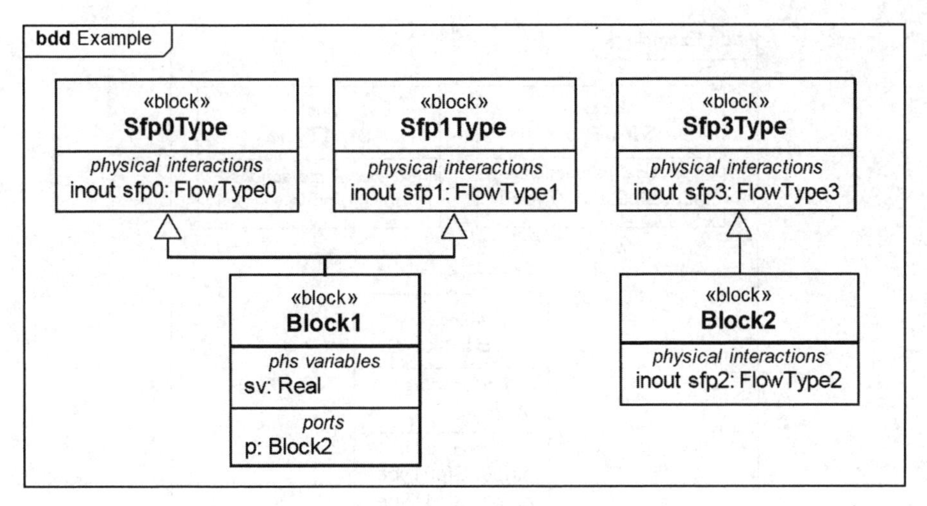

图 9.6　SysML 中具有内部结构和连接器特性关联块

继承的两个仿真流特性（Sfp0Type 和 Sfp1Type 分别从 sfp0 和 sfp1 继承而来）。图 9.7 为 Block1 添加了两个端口（psfp0 和 psfp1），由两个通用块类型化而来。图 9.6 中的 Block2 没有更改，因其不具有非仿真流特性。

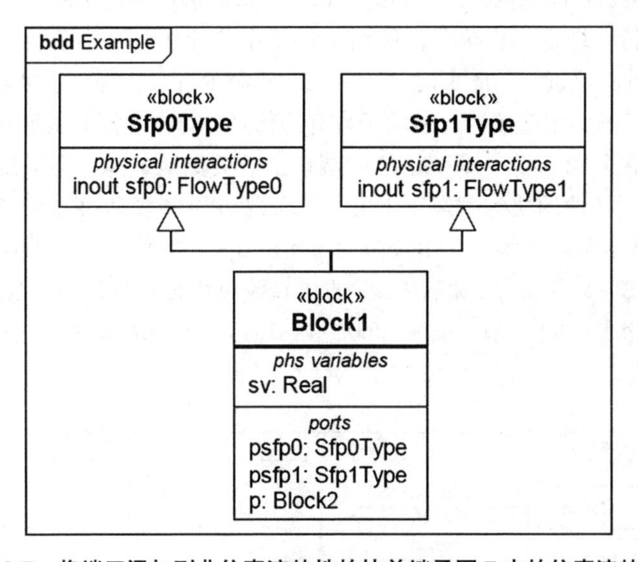

图 9.7　将端口添加到非仿真流特性的块并继承图 7 中的仿真流特性

9.4.3.3　由继承仿真流特性的块类型分割端口

为继承块端口类型的每个仿真流特性添加端口，新的端口由继承仿真流特性的块类型化。在图 9.7 中，Block1 有一个由 Block2 类型化的端口，它具有继承于 Sp3Type 的仿真流特性（sfp3，见图 9.6）。图 9.8 通过 Sp3Type 类型化为 Block1 添加一个新端口（psfp3），以对应继承的特性。

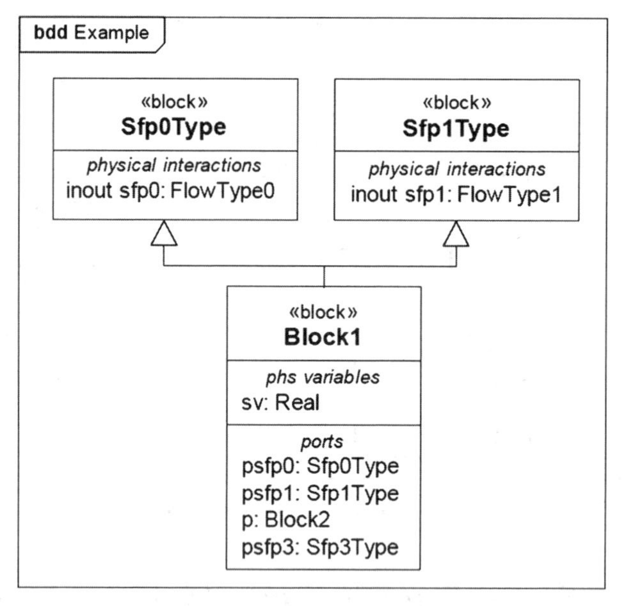

图 9.8　在图 9.7 中多个仿真流特性由块类型化，在端口中添加新的端口

9.4.3.4　将仿真流特性移到添加的端口上，重新链接绑定连接器

将仿真流特性绑定到连接器，移到 9.4.3.2 小节和 9.4.3.3 小节所添加端口上，并重链接到它们的新位置。具体来说，经 9.4.3.1 小节处理后，绑定连接器链接到或通过包含的特性路径的绑定连接器，继承于含有非仿真流特性（拥有或继承）块的一个仿真流特性重链接到第 9.4.3.2 章节添加的端口上。类似地，绑定连接器链接到或通过包含多个仿真流特性的块类型端口上的仿真流特性重链接到通过 9.4.3.3 小节添加端口上。图 9.9 展示了通过继承于 Block1（sfp0 和 sfp1）的仿真流特性连接的绑定连接器，以及通过 Block2（p.sfp2 和 p.sfp3）的仿真流特性链接的绑定连接器。图 9.10 通过 9.4.3.2 小节和 9.4.3.3 小节（psfp0.sfp0、psfp1.sfp1 和 psfp3.sfp3）中添加的端口重新链接这些绑定。

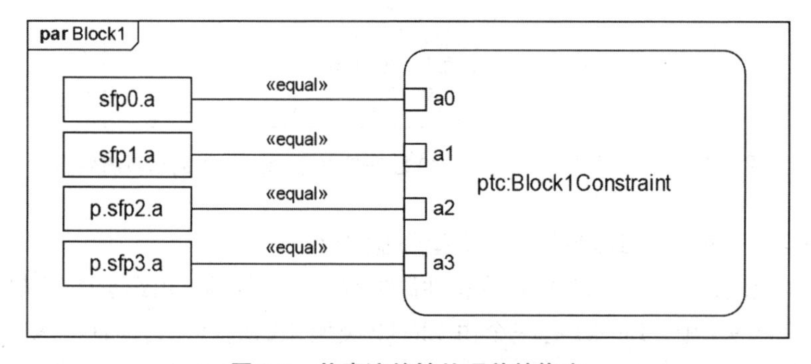

图 9.9　仿真流特性处理前的绑定

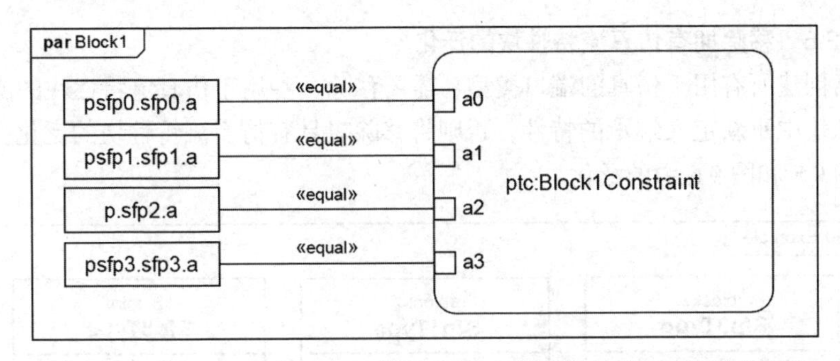

图 9.10　图 9.9 中通过 9.4.3.2 节和 9.4.3.3 节添加的端口重新链接绑定

9.4.3.5　替换或添加连接，连接由具有仿真流特性的块所定义的特性，这些特性被移动到新增加的端口上

由继承仿真流特性的块所类型化的构件或端口的连接器，移动到在 9.4.3.2 小节和 9.4.3.3 小节中添加的新端口上，新的位置由连接器所替代。特别地，经 9.4.3.1 小节处理后，由继承仿真流特性的块所类型化的构件特性的连接器将由 9.4.3.2 小节添加的仿真流特性端口的连接器所取代。将连接器添加并连接到由 9.4.3.3 小节添加的具有多个仿真流特性的端口。在这两种情况下，只有当另一端具有匹配的仿真流特性时，连接器才会被替换或添加（见 7.2.4 节），否则连接器就会被删除（如果在处理前仿真流特性不匹配，则会发生这种情况）。图 9.11 展示了处理之前由图 9.5 中 Block1 类型化的两个构件特性，一个连接器连接这些构件，另一个连接器连接其端口。图 9.12 分别通过端口 psfp0 和 psfp1 之间的两个连接器替换第一个连接器，添加连接器的原因是所继承的仿真流特性 fsp0 和 fsp1。图中还在端口之间添加了一个连接器，是为继承于 Block2 的仿真流特性 psfp3 所添加的端口。

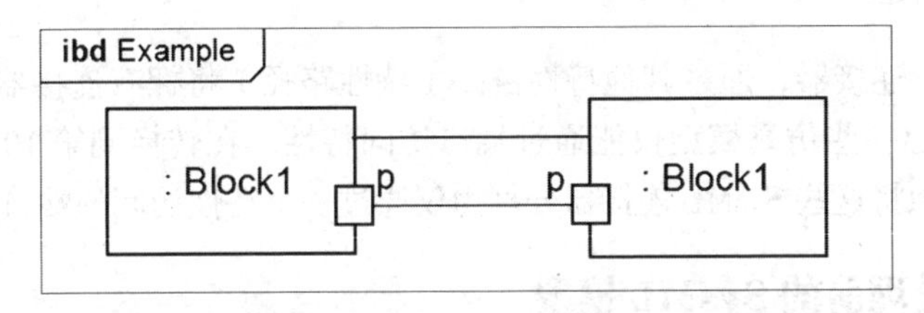

图 9.11　在图 6 处理前的构件和端口之间的连接器

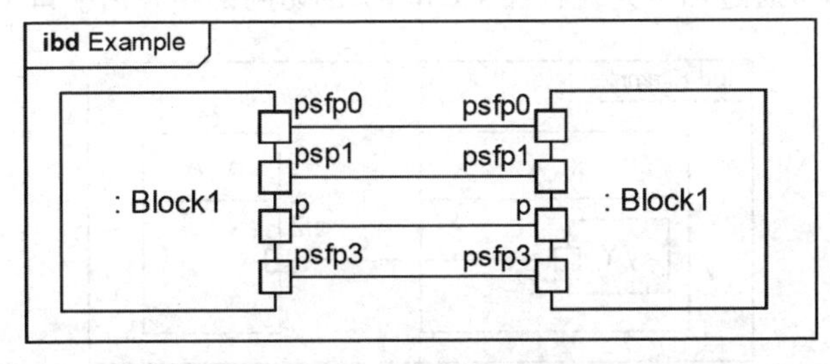

图 9.12　在 9.4.3.2 节和 9.4.3.3 节添加的端口之间替换或添加图 9.11 中的连接

9.4.3.6 移除拥有仿真流特性块的泛化

现已创建所有用于仿真的端口类型，需要移除一些用于仿真流特性块的泛化。除非在特殊块中重新定义继承的特性，否则将移除对具有仿真流特性块的泛化。图 9.13 移除了图 9.8 和图 9.6 中的泛化。

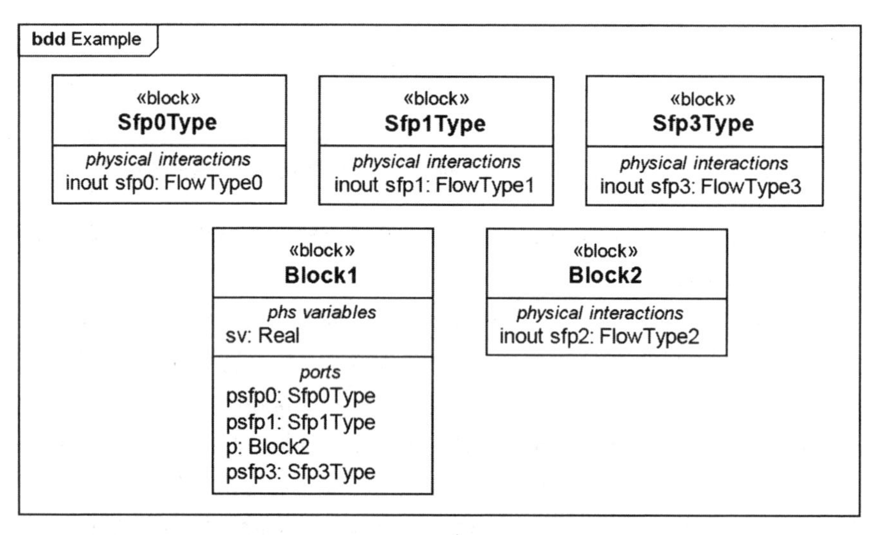

图 9.13 移除图 9.8 和图 9.6 中的泛化

9.5 移除连接器末端的嵌套

9.5.1 目的

SysML 支持连接器，通过其他特性链路（特性路径）将拥有连接器的块连接到连接器的端口，但一些仿真模型仅能通过端口访问特性。在转换到第 10 章所示的仿真平台之前，必须将这些 SysML 连接器分割为仅通过一个特性访问的端口。

9.5.2 处理前的 SysML 模型

图 9.14 展示了通过两个其他特性（x 和 y）的访问链路并由端口（z）连接的连接

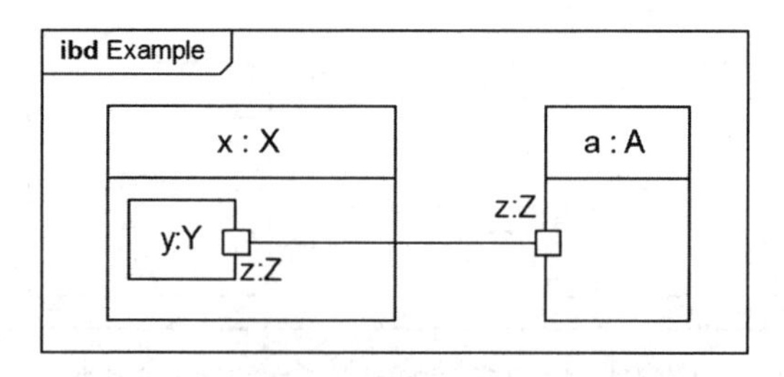

图 9.14 通过两个特性连接端口的连接器

器。嵌套连接器端特征路径的长度是 2。

9.5.3　处理后的 SysML 模型

通过其他特性链路访问，连接器链接端口到连接器的拥有者（SysML 嵌套连接器端特性路径长度大于 1），可重新链接到添加的中间端口，添加源于那个端口的连接器（将特性路径长度减到 1）。图 9.15 中在 x 类型中添加代理端口，与 z 类型相同，图 9.14 中的连接器重新链接到这个新添加的端口。一个绑定连接器添加在 x 类型上，位于新端口和原端口间。重复这个过程，直到通过一个特性连接器连接到拥有连接器块的端口上。

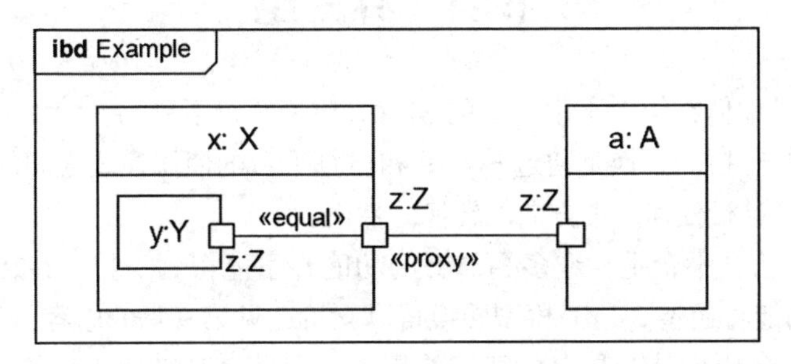

图 9.15　添加代理端口和另一个连接器分割图 9.14 的连接器

第 10 章 SysML 平台与仿真平台之间的转换

10.1 介 绍

本章说明了如何在第 7 章中扩展的 SysML 模型（以下称为 SysML）与多个仿真平台模型之间进行转换。转换是通过 SysML 和仿真平台的使用模式之间的对应关系来实现的，使得可以进行任何一个方向的转换。然而：

- 在多个仿真平台上，许多 SysML 的功能并不能得到支持（在转换之前，其中一些功能将通过 SysML 模型转换得以支持，见第 9 章的内容）。
- 仿真平台比 SysML 具有更特定的用途，因此当从 SysML 转换到仿真平台时，会导致信息的丢失。

所选择的平台是 Modelica 和 Simulink，包括 Simulink 的扩展，如 Simscape。转换中所涉及的建模概念在这两种仿真语言中均适用。

- Modelica 是一种文本形式的仿真语言，用于物理交互和信号流建模，可被多种仿真工具所支持，包括 OpenModelica、Dymola® 和 MapleSim®，这些工具可添加图形界面和数值求解器。Modelica 是由语法所定义的，但没有元模型，所以，用于描述 Modelica 模型的术语对应于其语法所定义的关键词。
- Simulink 是一个支持信号流建模的图形仿真工具（除非扩展，见下文）。其建模的概念可从图形模型生成的仿真文件中推导得出（Simulink 尚未发布元模型或文本语言）。目前 Simulink 使用两种文件格式来存储或处理所生成的传真文件：较早的标点符号文本格式或较新的 XML 格式。在这两种格式中使用的概念是相同的，但结构和表示值的方式并不相同。Simulink 支持 S- 函数，也就是以 MATLAB 文件的形式表示系统行为（通常是以状态空间形式的行为）。S- 函数总是遵循相同的结构，使用相同的概念。

Simulink 包括系统建模的其他方面的扩展：

- Simscape 是 Simulink 物理交互建模的扩展。物理组件规范保存在必须符合 Simscape 语法的文件中。Simscape 概念是在语法中命名。
- Stateflow® 是状态机的 Simulink 扩展，它使用与 Simulink 元素一同来表示的附加概念。

第 10.2 节至 10.12 节描述以下各部分的内容：

- 目的：解释各章节所包含的系统或仿真建模中的特定类型的信息。
- SysML 建模：描述以上信息如何在 SysML 中建模，必要时将按第 7 章描述的内容进行扩展，并附带一个小型的示例。
- 仿真平台建模：描述上述所使用的 SysML 部分与仿真平台中的建模模式之间的对应关系，以及与上述的 SysML 示例对应的仿真模型。
- 概要：在表格中概要 SysML 与仿真平台之间的对应关系。

第 10.13 节涵盖了第 8 章所列出的表达式语言的转换。

10.2　根元素

10.2.1　目的

系统和仿真模型采用结构化方式进行组织，并从根元素节点开始。

10.2.2　SysML 建模

SysML 的根元素是包，是模型元素的容器。图 10.1 示例了一个包 P，它拥有一个名为 B 的块。

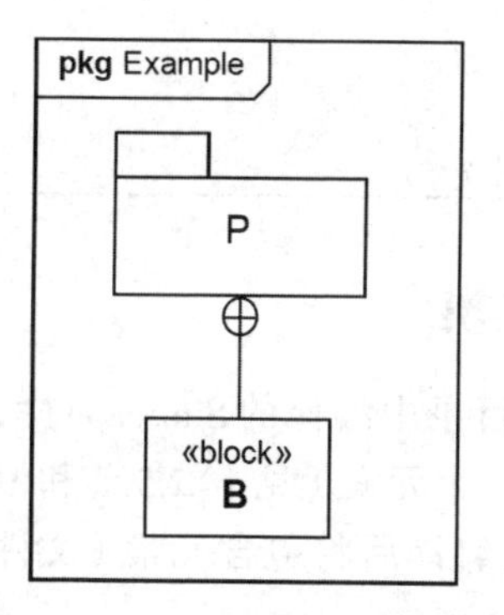

图 10.1　SysML 的包和模型

10.2.3　Modelica 建模

SysML 包对应于 Modelica 模型，Modelica 的根元素定义为文件。

以下的 Modelica 代码对应于图 10.1 的 SysML 语言。它有一个模型 P，拥有一个模型 B（见 10.3.3 节）。

```
model P
 model B
 end B;
end P;
```

10.2.4 Simulink 建模

一个 SysML 包对应于一个与模型配对的 Simulink 库，其被定义为独立文件的根元素。模型在仿真期间将被执行，并引用库中定义的块（见 10.3.4 节，关于 Simulink 块的定义和引用）。仅有定义在 Simulink 库中的块可通过库或模型得以引用（重用）。模型链接到库块的引用对应于 SysML 构件之间的连接器（见 10.8.4 节）。

以下分散在不同文件中的 Simulink 代码与图 10.1 相对应。第一部分包含库 P，第二部分包含模型 M（模型名称仅出现在文件名中）。两者都包括一个系统，其中的库用于定义可重用的块 B。

```
<Model>
  <System>
  </Syste>
</Model>
```

```
<Library>
 <System>
  <Block Name="B">
  </Block>
 </System>
</Library>
```

10.2.5 Simscape 建模

SysML 包对应于从文件目录中编译的 Simscape 库，其代码与包中的元素对应。Simscape 文件中每个都包含一个元素（见 10.2.5 节和 10.7.10 节），并存储在 Simulink 库命名的目录中，该目录在编译后将包含元素（文件中没有指定库，没有对应于 SysML 包的 Simscape 语言元素）。

图 10.1 中的包 P 对应的是一个名称中含有“P”的目录，该目录有一个包含与 B 块相对应的 Simscape 代码的文件（见 10.3.5 节）。

10.2.6 概要

根元素分别在系统模型和仿真模型中的组织结构形式如表 10.1 所列。

表 10.1 根元素在系统模型和仿真模型中组织结构形式

SysML	Modelica	Simulink	Simscape
包	模型	库和模型，每个都包含一个系统	库（从元素文件目录编译）

续表 10.1

SysML	Modelica	Simulink	Simscape
元素由包所拥有	元素在模型中	元素在系统中	元素在库中（从元素文件编译）

10.3　块与特性

10.3.1　目的

系统模型和仿真模型包含描述具有相同特性的系统和组件的类。系统和组件的功能（承担的角色）在模型中被描述为可被其他模型使用的一个类（class）。例如，一个车辆的类有动力源——是对发动机类的重用。

10.3.2　SysML 建模

SysML 建模是基于块的（即系统或组件的类），描述具有相同特性的对象，这些特征可以是结构性的或行为性的。

块的结构特征称为特性，其中一些特性是数值，例如数字或字符串，还有一些特性是其他块的用法。这些特性可以通过数据类型或块类型化予以区分。由块类型化的一些系统特性是构件，对应于系统或组件中这些块的用法。

图 10.2 示例了一个 SysML 块 A，其中包含类型为 B 的构件特性 b1，B 同时也是一个 SysML 块。

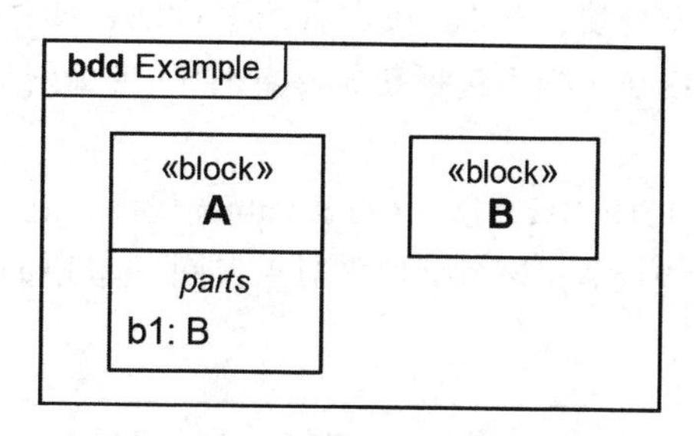

图 10.2　SysML 中的块和构件

10.3.3　Modelica 建模

Modelica 是一种人类可读的文本语言，用于物理交互和信号流的建模。它如同 SysML 一样是面向类的，但使用不同的术语。Modelica 包含各种的类，在本书中将使用 4 种，包括：模型（对应 SysML 中不包括类型化端口的块，参见下文相关内容，以及对应 SysML 中的包，见 10.3.3 小节）、连接器（用于物理交互，见 10.7.8 小节）、类型（SysML 值类型，见 10.11.3 小节）和块（对应 SysML 状态机，见 10.12.3 小节）。

SysML 特性对应于 Modelica 的组件。

以下的 Modelica 示例对应于图 10.2 中的 SysML 块 A。其中的 Modelica 模型 A 对应于 SysML 块 A，由 Modelica 模型类型化的组件 b1，对应于 SysML 由块类型化的特性 b1。

```
model A
 B b1;
end A;
model B
end B
```

10.3.4 Simulink 建模

Simulink 是一种支持信号流建模的图形语言，它具有基于 XML 文件格式和针对物理交互建模而进行的扩展（见 10.2.5 小节）。在某种程度上，它是面向类的，尽管不像本书中使用的其他仿真平台那么更具面向类的特征。Simulink 具有一个名为 blocks 的抽象，它有许多特化的对象，在本书中将使用五个，包括：子系统（对应于 SysML 块，见下文）、引用（对应于 SysML 构件，见下文）、输入和输出（对应于具有输入输出特性的 SysML 端口，见 10.7.5 小节）和 S- 函数（对应于 SysML 约束块，见 10.9.5 小节）。当作为容器使用时，结构特性包含在 Simulink 系统中。 Simulink 块由一个整数（SID）来标识，该整数在其模型或库中是唯一的。一个 SysML 块及其构件与一个含有系统的 Simulink 块对应，其中的系统包含对其他块的引用（见 10.4.4 小节和 10.5.4 小节关于继承的特征）。

对应于 Simulink 子系统块，SysML 块没有约束特性。具有约束特性的 SysML 块，要么对应 Simulink 子系统块（当不包括 Simscape 时），要么对应 Simscape 组件（包括 Simscape 时）。

以下的示例展示了与图 10.2 相对应的 Simulink 代码，它具有一个与 SysML 块 A 相对应的 Simulink 子系统块 A，该系统包含对来自同一库 Example 的 Simulink 块 B 的引用（见 10.2.4 节）。

```
<Block BlockType="SubSystem" Name="A" SID="1">
  <System>
    <Block BlockType="Reference" Name="b1" SID="2">
      <P Name="Ports">[0,0]</P>
      <P Name="SourceBlock">Example/B</P>
    </Block>
</System>
</Block>
<Block BlockType="SubSystem" Name="B" SID="3">
```

```
  <System>
  </System>
</Block>
```

10.3.5　Simscape 建模

SysML 构件对应 Simscape 成员组件（见 10.4.5 小节和 10.5.5 小节中有关继承特性的子类）。以下示例展示了图 10.2 中所示块 A 和 B 对应的 Simscape 代码。它有一个组件 A 包含同一库示例中类型 B 的成员组件 B1（见 10.2.4 小节）。

```
component A
  components
    b1=Example.B;
  end
end
component B
end
```

10.3.6　Simulink/Simscape 建模

Simscape 是 Simulink 物理交互建模的扩展，具有约束特性或绑定连接器的 SysML 块对应 Simscape 的组件。

以下的 Simulink 代码对应于图 10.2 中的块 A。它具有一个子系统块 A，该系统包含 Simscape 组件 B 的引用 b（在 10.3.5 小节中定义），来自库 Example（见 10.2.4 小节）。

```
<Block BlockType="SubSystem" Name="A" SID="1">
  <System>
    <Block BlockType="Reference" Name="b" SID="2">
      <P Name="SourceBlock">Example/B</P>
      <P Name="SourceType">B</P>
      <P Name="SourceFile">Example.B</P>
      <P Name="ComponentPath">Example.B</P>
      <P Name="ClassName">B</P>
    </Block>
  </System>
</Block>
```

10.3.7　概要

系统模型和仿真模型的块与特性对应，如表 10.2 所列。

表 10.2　系统模型和仿真模型的块与特性对应列表

SysML	Modelica	Simulink	Simscape
块，没有约束特性和没有绑定连接器	模型	含有系统的子系统块	（不可用）
块，具有约束特性或绑定连接器	模型	含有系统的子系统块	组件
块名称	模型名称	子系统名称	组件名称
块所拥有的类型化特性	模型所拥有的组件	系统所拥有的引用块	成员组件
特性名称	组件名称	引用块名称	成员组件名
特性类型	组件类型	引用块的源	成员组件类型

10.4　泛　化

10.4.1　目的

泛化通过使一个类的特性能够被另一个类所重用（继承），从而简化了系统和仿真建模。

10.4.2　SysML 建模

SysML 提供了一种泛化关系，用来表示一个块重用另一个块的特性。一个块由另一个块所泛化，则该块将继承另一个块的所有特性。SysML 支持对同一块的多重泛化。

图 10.3 示例了一个具有类型 C 的特性 c1 的块 A，以及一个由块 A 泛化的块 B。

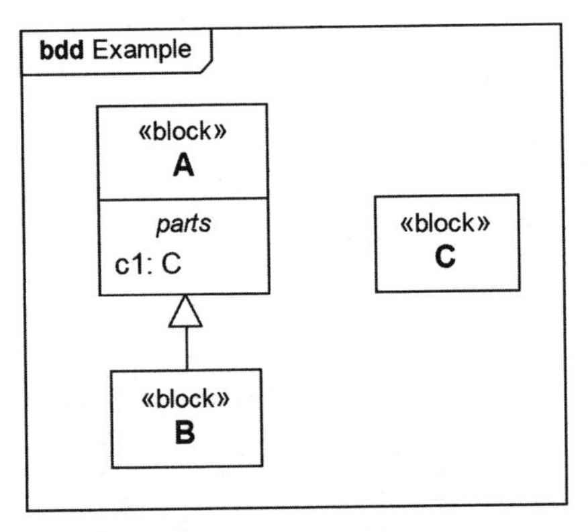

图 10.3　SysML 的泛化

10.4.3　Modelica 建模

SysML 泛化对应于 Modelica 类扩展，包括同一类的多个扩展。

以下的 Modelica 代码对应于图 10.3。它有一个含有类型 C 的组件 c1 的模型 A，以及一个含有模型 A 扩展的模型 B，B 从 A 继承组件 c1。

```
model A
  C c1;
end A;
model B
  extends A;
end B;
```

10.4.4　Simulink 建模

Simulink 不支持泛化（Simulink 块不能继承其他块的特性）。在 SysML 中未被重新定义的继承特征对应于 Simulink 块中新定义的（非继承的）特性（见 10.5 节）。

以下的 Simulink 代码对应于图 10.3。它有块 A 和块 B，每个块都有一个包含对块 C 的引用 c1 的系统。块 A 和块 B 之间不存在泛化。

```
<Block BlockType="SubSystem" Name="A" SID="1">
  <System>
    <Block BlockType="Reference" Name="c1" SID="2"> <P Name="Ports">[0,0]</P>
      <P Name="SourceBlock">Example/C</P>
    </Block>
  </System>
</Block>
<Block BlockType="SubSystem" Name="B" SID="3">
  <System>
    <Block BlockType="Reference" Name="c1" SID="4">
        <P Name="Ports">[0,0]</P>
        <P Name="SourceBlock">Example/C</P>
    </Block>
  </System>
</Block>
```

10.4.5　Simscape 建模

Simscape 支持组件的单一泛化。当特殊的 SysML 块仅有一个泛化且不重新定义任何特性时（见 10.5 节），SysML 的泛化对应于 Simscape 的超类化；否则，SysML 的泛化在 Simscape 中不存在对应关系，并且在 SysML 中未被重新定义的继承特性对应于 Simscape 中的新（非继承的）组件成员。

以下 Simscape 代码对应于图 10.3。它有一个组件 A，带有类型为 C 的成员组件 c1，以及由 A 泛化而来的组件 B。

```
component A
  nodes
    c1 = Example.C;
  end
end
component B < Example.A
end
```

10.4.6 概要

系统模型的泛化关系与仿真模型的对应关系如表 10.3 所列。

表 10.3 系统模型和仿真模型的泛化关系对应表

SysML	Modelica	Simulink	Simscape
泛化	语言扩展	（不可用）	子类化，当特殊的 SysML 块仅有一个泛化且不重新定义特性时；否则，（不可用）
继承特性	继承组件	新定义（未继承）特征	继承的成员组件，当特殊的 SysML 块仅有一个泛化且不重新定义特性时；否则，使用新的（非继承的）组件

10.5 特性重定义

10.5.1 目的

系统和仿真模型中继承特性的类（见 10.4 节）可改变这些特性。例如，它们可将继承特征而来的类型改变为该类型的特化类型。

10.5.2 SysML 建模

在 SysML 中，块可通过重定义改变继承的特性。图 10.4 示例了一个具有类型 C 的特性 c1 的块 A，以及一个由块 A 泛化而来的块 B。块 B 有一个特性 c1，它将 C::c1 重新定义为 D 类型，而 D 由 C 泛化而来。

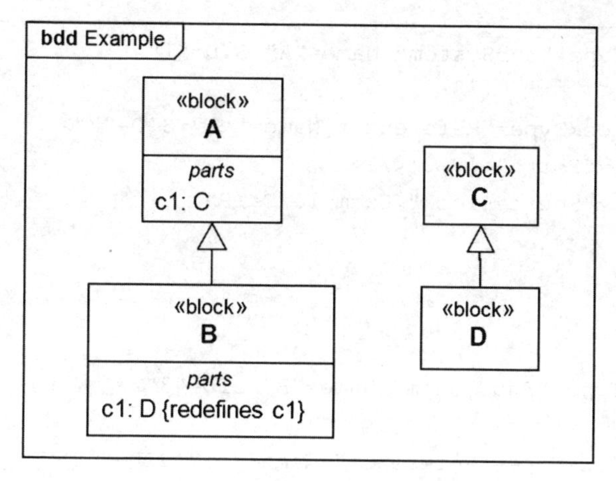

图 10.4　SysML 中的特性重定义

10.5.3　Modelica 建模

Modelica 支持像 SysML 那样更改继承的特性，但特性名称不能更改。SysML 重定义的和正在重新定义特性分别对应 Modelica 可替换和重新声明的组件。

以下的 Modelica 代码对应图 10.4。它有一个模型 A，包含可替换的类型为 C 的组件 c1，而模型 B 扩展了模型 A，并使用相同的组件名称 c1 重声明为类型 D（与 10.4.3 小节相比）。

```
model A
  replaceable C c1;
end A;
model B
  extends A;
  redeclare D c1;
end B;
```

10.5.4　Simulink 建模

Simulink 因其不支持泛化（见 10.4.4 小节），所以不支持重新定义。SysML 重新定义的效果可通过使用 Simulink 特性的对应（见 10.2.4 节）来重新定义继承的特性（见 10.4.4 节有关不可重定义的继承特性）来实现。

以下的 Simulink 代码对应于图 10.4。它有块 A 和块 B，每个块都含有块 c1 的系统、一个引用块 C 和一个引用块 D（与 10.4.4 小节相比）。

```
<Block BlockType="SubSystem" Name="A" SID="1">
  <System>
    <Block BlockType="Reference" Name="c1" SID="2">
      <P Name="Ports">[0,0]</P>
      <P Name="SourceBlock">Example/C</P>
    </Block>
  </System>
</Block>

<Block BlockType="SubSystem" Name="B" SID="3">
  <System>
    <Block BlockType="Reference" Name="c1" SID="4">
      <P Name="Ports">[0,0]</P>
      <P Name="SourceBlock">Example/D</P>
    </Block>
  </System>
</Block>
```

10.5.5 Simscape 建模

Simscape 支持泛化（见 10.4.5 小节），但不支持重定义。SysML 重定义的效果可使用 Simscape 对应的重定义的多个泛化或继承的 SysML 特性来实现（见 10.4.5 小节），并包括重定义与继承特性的对应特性（见 10.2.5 小节）。

以下的 Simscape 代码对应图 10.4。它有组件 A 和组件 B，每个组件都有一个成员组件 c1，一个由组件 C 类型化，另一个由 D 类型化（与 10.4.5 小节相比）。

```
component A
  components
    c1 = Example.C;
  end
end
component B
  components
    c1 = Example.D;
  end
end
```

10.5.6 概要

系统模型的特性重定义与仿真模型的对应关系，如表 10.4 所列。

表 10.4　系统模型的特性重定义与仿真模型的对应关系表

SysML	Modelica	Simulink	Simscape
重定义的特性	可替换组件	（不可用）	（不可用）
重定义具有相同名称的继承的特性	重新声明组件	引用、输入、输出或连接块	成员组件、变量、参数、输入、输出或节点

10.6　PhSVariable 和 PhSConstant

10.6.1　目的

相比系统模型而言，仿真建模可以更详细地指定数字和布尔变量值如何变化。仿真建模将数字变量分为随时间连续变化的值（可能无限变化）和离散变化的值（有限的），离散变化的值可能仅是在规律性的间隔之间发生。仿真建模还将变量识别为仅能在仿真（常数）之间变化的值，而不是在仿真中变化的值。

10.6.2　SysML 建模

第 7.2 节中的仿真扩展按照 10.5 节描述的特性进行了区分。连续的 SysML 特性由 PhSVariable 类型化，此时 isContinuous = true；离散特性由 PhSVariable 类型化，此时 isContinuous = false。常数特性是由 PhSConstant 类型化。

图 10.5 展示了一个具有三个特性的块 A，其包括：一个连续的 PhSVariable 特性 v1、一个离散的 PhSVariable 特性 v2 以及一个 PhSConstant 特性 v3。

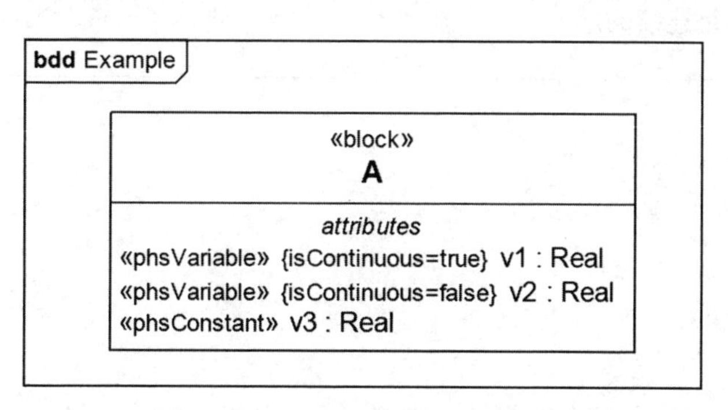

图 10.5　SysML 中的 PhSVariabl 和 PhSConstant

注：在 SysML 标识符中，如果对构造型的特性使用默认值，可省略这一特性。例如，在缺省情况下，isContinuous 为 true，那么在连续特性定义中，isContinuous = true 可省略。

10.6.3 Modelica 建模

Modelica 特性的变型有四种：连续、离散、参数和常数。默认情况下，Modelica 特性是连续的，在 Continuous = true 时的 PhSVariables 与连续组件对应，Continuous = false 的 PhSVariables 与离散组件对应，PhSConstants 与参数变量对应。

以下的 Modelica 代码对应图 10.5。它有一个模型 A，它分别具有连续的、离散的和参数的三个特性 v1、v2 和 v3。

```
model A
  Real v1;
  discrete Real v2;
  parameter Real v3 = "...";
end A
```

10.6.4 Simulink 建模

Simulink 对应 SysML 的值特性，这些值特性在 SysML 的约束块和绑定连接器上下文中，见 10.8 节。

10.6.5 Simscape 建模

Simscape 中的数据是（连续）变量，也可是（常量）参数。Simscape 不支持离散变量。具有 isconference = true 的 PhSVariable 与 Simscape 变量相对应，PhSConstant 与参数相对应。

以下的 Simscape 代码对应图 10.5。它有一个带有一个变量 v1 的组件 A 和一个参数 v3。变量 v1 是连续的。

```
component A
  variables
    v1 = 1;
  end
  parameters
    v3 = 10;
  end
end
```

10.6.6 概要

系统模型的构造特性与仿真模型的对应关系，如表 10.5 所列。

表 10.5 系统模型的构造特性与仿真模型的对应关系表

SysML	Modelica	Simulink	Simscape
由 PhSVariable 所构造的特性，isContinuous = true 时	连续组件	（不可用）	变量
由 PhSVariable 所构造的特性，isContinuous = false 时	离散组件	（不可用）	（不可用）
由 PhSConstant 构造的特征	参数组件	（不可用）	参数
特性类型	组件类型	（不可用）	成员类型

10.7 端口和流特性

10.7.1 目的

系统和仿真建模描述系统组件之间的交互。这些相互交互包括物质的、信号或两者的交换。系统和仿真组件包括作为连接其他组件的连接点的结构特性。在使用组件时，系统和仿真模型包括这些点之间的连接。系统模型指定连接点之间交换的物质种类，而仿真模型给出这些交换的特性，特别是流率和势能。

10.7.2 SysML 建模

在 SysML 中，构件之间的交互使用连接器来进行建模。连接通常是在这些构件的端口之间进行。端口是用于连接其他块的特性。此对应假设连接器仅在端口两者之间（见 9.4.2 节关于构件之间的连接器）。端口使用流特性描述经过它们的流，该特性按它们的类型指定流动的物质种类以及流动的方向（in/out/inout）。

第 7.2 节的仿真扩展增加仿真所需的流特性信息，特别是流率和流势（分别是守恒的和非守恒的 PhSVariable）。物理交互使用这流率和流势两者，而信号流的语义等价于流的势能。物理交互的 PhSVariable 位于 ConservedQuantityKind 类型的特化的块上（见 11.2.2 节），这些块被流特性所类型化。PhSVariable 类型的信号变量是流特性（应用两个构造型的特性），它具有指定信号类型是数字型还是布尔类型。

在 SysML 和仿真平台中，10.7.3 至 10.7.6 小节覆盖信号流的建模，10.7.7 至 10.7.10 小节则涵盖了物理交互建模。

10.7.3 SysML 建模，信号流

当仿真信号流时，端口类型上的流特性必须是：

- 由一个非守恒的 PhSVariable 所构造；
- 类型为实数、整数、布尔值或它们的一个特化类型；
- 流的方向是 in 或 out。

图 10.6 表明一个信号流应用的示例。代表弹簧块有两个端口 u 和 y，分别是信号流库中的 RealInSignalElement 和 RealOutSignalElement 类型（见 11.2.1 小节）。RealInSignalElement 具有 in 流特性 rsig，而 RealOutSignalElement 具有与 out 方向的相同特性。

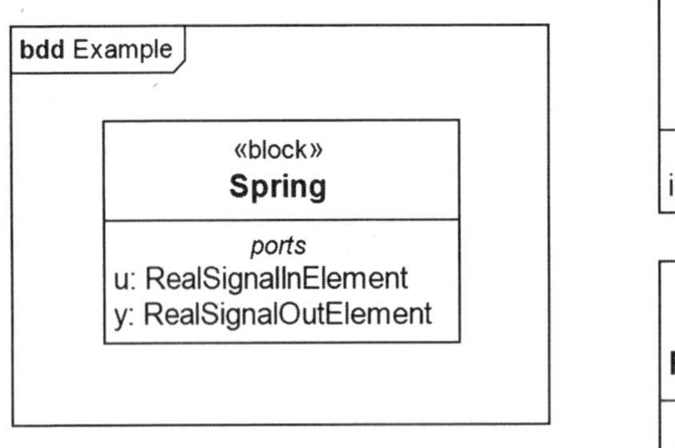

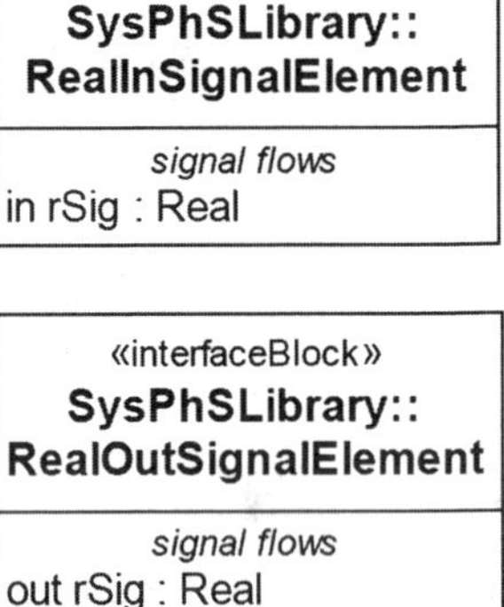

图 10.6　SysML 中的端口和信号流

10.7.4　Modelica 建模，信号流

SysML 端口具有一个类型，该类型包含由非守恒的 PhSVariable 模板类型化的流特性，并声明为 Real、Integer 或 Boolean 类型，或它们的一个特化类型，且对应于 Modelica 相应类型特性的组件。SysML 流特性在 Modelica 中没有对应的结构，但是对应于 SysML 端口的 Modelica 组件有一个由流程特性给出的方向。

以下的 Modelica 代码对应图 10.6。它有一个被命名为 Spring 的弹簧模型，其中包含实型类型的组件 u 和 y，以及代表各自流向的 in 和 out。

```
model Spring
  in Real u;
  out Real y;
end Spring;
```

10.7.5　Simulink 建模，信号流

Simulink 有几种端口，其中三种端口在本书中讲解，包括：输入端口、输出端口（用于信号流，对应于 SysML 块类型化的端口，这些端口分别具有 PhSVariable 变量的输入或输出流特性）和连接端口（用于物理交互，见 10.7.9 小节）。Simulink 块定义包含一个数组、给出每种端口的数量，及其在 Simulink 图中分布在块左右两边的连接端口。从左到右分别在第 1 和第 2 个位置给出输入端口和输出端口的数量，而左、右

连接端口的数量分别在第 6 和第 7 个位置给出。右边的零的尾随系列可以省略。

SysML 端口具有一个类型，该类型包含由非守恒的 PhSVariable 变量所构造的流特性，并由实数、整数、布尔值或它们的特化类型来定制，对应于 Simulink 的输入端口或输出端口（具体取决于流特性的方向）。

以下的 Simulink 代码对应图 10.6。它有一个弹簧块，包含一个输入端口 u 和一个输出端口 y。块的端口特性提供端口数组，指定输入和输出的数量。同时，输入端口或输出端口特性指定了这些端口的索引，这些索引必须为每种类型的端口单独排序，以整数形式，从 1 开始。

```
<BlockBlockType="SubSystem"Name="Spring" SID="1">
  <P Name="Ports">[1,1]</P>
  <System>
    <Block BlockType="Inport" Name="u" SID="2">
      <P Name="Port">1</P>
      </Block>
    <Block BlockType="Outport" Name="y" SID="3">
      <P Name="Port">1</P>
    </Block>
  </System>
</Block>""
```

10.7.6　Simscape 建模，信号流

SysML 端口具有一个类型，该类型包含由非守恒的 PhSVariable 类型化的流特性，并由实数、整数或布尔值或它们的专用类型说明，根据流特性的方向对应 Simscape 的输入或输出。

以下的 Simscape 代码与图 10.6 的对应。它有一个弹簧组件 Spring，包含一个输入 u 和一个输出 y，指定它们应该分别出现在 Simulink 图中引用 spring 的块的左右两侧（见 10.8.5 小节和 10.8.6 小节）。左或右定位不限制组件如何连接。

```
component Spring
inputs
  u = {0, 'unit'}; % :left
end
outputs
  y = {0, 'unit'}; % :right
end
end
```

10.7.7 SysML 建模，物理交互

在建模仿真物理交互时，端口类型的流特性必须为 inout 类型。这个流特性必须由 ConservedQuantityKind 类型化的块（间接地）类型化（见 11.2.2 小节），其中包含守恒和非守恒的 PhSVariables 类型变量（每个变量的数目相同）。

图 10.7 表明一个物理交互的应用示例。弹簧块有两个端口 p1 和 p2，类型为 flange。flange 端口有一个由物理交互库中 FlowingLMom 类型化的输入流特性 lMo（见 11.2.2 小节），它有一个守恒的 PhSVariable 类型变量 f 和一个非守恒的 PhSVariable 类型变量 lV。

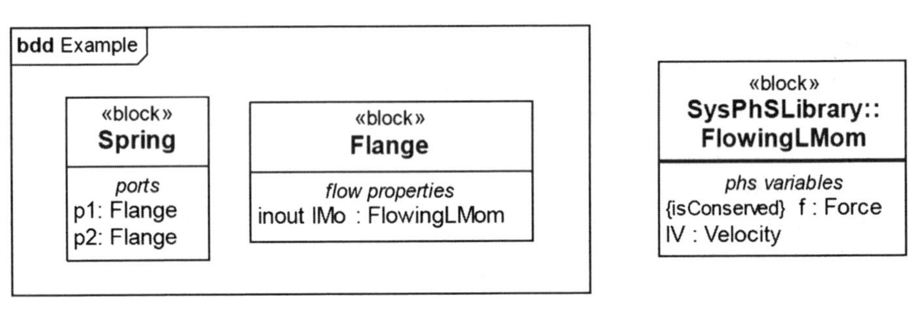

图 10.7　在 SysML 中用于物理交互的端口

10.7.8 Modelica 建模，物理交互

SysML 端口的类型包含由 ConservedQuantityKind 类型化的流特性（见 11.2.2 小节），其对应的 Modelica 组件没有指定方向，SysML 端口类型对应 Modelica 连接器。在 Modelica 中，SysML 流特性没有直接相应的结构。在 SysML 中，具有守恒的 PhSVariables 类型的块对应连接器上的 Modelica 组件，守恒的 PhSVariables 变量对应 Modelica 流组件，而非守恒的 PhSVariables 变量对应规则的 Modelica 组件。

以下的 Modelica 代码对应图 10.7。它有一个弹簧模型，有两个 flange 类型的组件 p1 和 p2。flange 是一个具有一个流量组件 f 和一个常规组件 lV 的连接器。

```
model Spring
  Flange p1;
  Flange p2;
end Spring;
connector Flange
  flow Real f;
  Real lV;
end Flange;
```

10.7.9　Simulink 建模，物理交互

Simulink 支持具有双向流的连接端口，但这些端口必须链接到 Simscape 节点（见 10.7.10 和 10.8.6 小节）。

以下的 Simulink 代码对应图 9.10。它有一个弹簧子系统块，其带有连接端口 p1 和 p2。连接端口必须链接到子系统块中定义的 Simscape 组件的节点（见 10.7.5 小节关于左右注释和端口数组）。

```
<Block BlockType="SubSystem" Name="Spring" SID="3">
  <P Name="Ports">[0, 0, 0, 0, 0, 1, 1]</P>
  <System>
    <Block BlockType="PMIOPort" Name="p1" SID="1">
      <P Name="Port">1</P>
      <P Name="Side">Left</P>
    </Block>
    <Block BlockType="PMIOPort" Name="p2" SID="2">
      <P Name="Port">2</P>
      <P Name="Side">Right</P>
    </Block>
</System>
</Block>
```

10.7.10　Simscape 建模，物理交互

Simscape 将物理交互端口添加到 Simulink，称其为节点。这些节点是由一个域类型化，它对应的是一个 SysML 端口类型，该类型具有一个由 ConservedQuantityKind 类型化的 inout 流特性（见 11.2.2 小节）。这些块上的守恒 PhSVariables 变量对应域中的 Simscape 平衡变量。

以下的 Simscape 代码对应图 10.7。它有一个弹簧组件 Spring，其带有两个 flange 类型的节点 p1 和 p2（Simscape 节点使用与输入和输出相同的左和右的附注，见 10.7.6 小节）。flange 是包 CurrentLibrary 中的一个域，包含两个变量：一个非平衡变量“lV”和一个平衡变量“f”。

```
component Spring
  nodes
    p1 = CurrentLibrary.Flange; % :left
    p2 = CurrentLibrary.Flange; % :right
  end
end
```

```
domain Flange
  variables
    lV = {0, 'm/s'};
  end
  variables(Balancing=true)
    f = {0, 'N'};
  end
end
```

10.7.11 概要

系统模型的端口和流特性，与仿真模型的对应关系，如表 10.6 所列。

表 10.6　系统模型的端口和流特性与仿真模型的对应关系

SysML	Modelica	Simulink	Simscape
用一个非守恒的 PhSVariable 模板类型化的流特性的块，类型化端口，以及用实数、整数、布尔值或它们的一个专用类型说明的（信号流）	由等价数据类型类型化的组件	输入端口	输入变量
用一个非守恒的 PhSVariable 变量的输出流特性块类型化的端口，并由实数、整数、布尔值或它们的一个特化类型说明（信号流）	由等价数据类型类型化的组件	输出端口	输出变量
块类型化的端口，块由 ConservedQuantityKind（用于物理交互）类型的块类型化，带有输出流特性	连接器类型的组件	连接端口	域类型节点
直接通过 ConservedQuantityKind 类型化的块（物理交互）	连接器	（不可用）	域
有 ConservedQuantityKind 间接类型化的块（物理交互）上的 PhSVariables	连接器组件	（不可用）	域变量

10.8 连接器

10.8.1 目的

两个连接点之间的连接，使实体物质或信号能够在这些部分之间交换。

10.8.2 SysML 建模

在 SysML 中，连接器用于连接两个端口。这些连接仅存在于拥有连接器的块的上下文中，以及它所泛化的其他块（连接器得到了继承）。

图 10.8 是 SysML 连接器的示例。它是一个块的示例，包含由 SpringA 和 SpringB 两种类型类型化的组成部分 s1 和 s2，其类似于图 9.10 中定义的弹簧 Spring（见 10.7.7 小节）。块 SpringA 和块 SpringB 各有两个端口，其中 p1 和 p2 端口的类型是图 10.7 中定义的法兰。图 10.8 表明 s1 的端口 p2 和 s2 的端口 p1 之间的连接器。

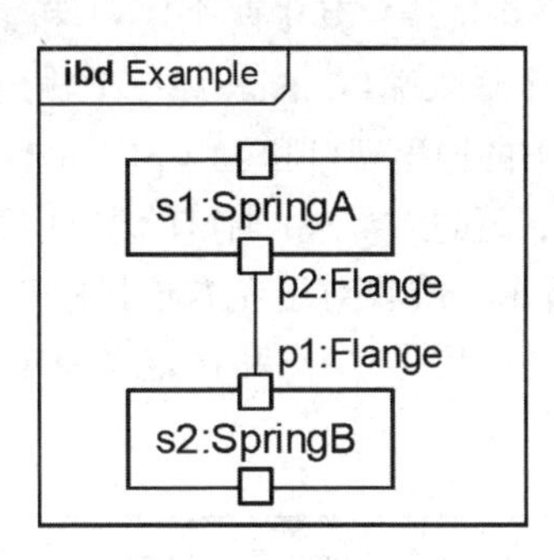

图 10.8　SysML 连接器

10.8.3　Modelica 建模

SysML 连接器对应 Modelica 的连接方程，该方程将 Modelica 连接器类型化的组件连接起来。这个过程依赖于 SysML 端口类型和 Modelica 连接器之间的对应关系（见 10.7.8 小节）。

以下的 Modelica 代码对应图 10.8。它是一个模型的示例，分别包含 SpringA 和 SpringB 两种类型的组件 s1 和 s2。模型 SpringA 和 SpringB 有两个类型为 flange 的组件 p1 和 p2，法兰定义类似于 10.7.8 中的 Spring。该模型包含一个连接方程，将 s1 的 p2 与 s2 的 p1 连接在一起。

```
model Example
  SpringA s1;
  SpringB s2;
equation
  connect(s1.p2, s2.p1);
end Example;
```

10.8.4　Simulink 建模，在没有约束的块之间

当符合以下情况时，SysML 连接器对应 Simulink 一个 Line 行：

- Simscape 不与 Simulink 一起使用；
- Simscape 与 Simulink 一起使用，而 SysML 连接器是由一个没有 PhSVariables

约束的块所拥有，并且块上连接端口没有包含 PhSVariables 约束，如 11.3 节中定义的端口，这时 SysML 连接器对应 Simulink 连线（如果 Simscape 与 Simulink 一起使用，见 10.8.5 和 10.8.6 节）。

Simulink 连接线直接从输出端口到输入端口。

以下的 Simulink 代码对应图 10.8，假设 SpringA 和 SpringB 没有包含 PhSVariables 约束。Simulink 代码有一个子系统块，其中两个块 s1 和 s2，且分别对应了 SpringA 和 SpringB，并且每个块都有一个输入端口 inport 和一个输出端口 outport，类似 10.7.5 节中 Spring 的定义。在 s1（p2）的输出端口和 s2（p1）的输入端口之间定义了 Line 行。

行标记了块定义的端口，通过“#”和端口的类型（对于输入端口和输出端口分别为“in”和“out”，如下所示，或者对于左右连接端口分别为“Lconn”和“rconn”（见 10.7.5 小节），然后跟着一个冒号“:”和在定义块中该类型端口的索引（所有端口都按顺序排列）来识别其端口。

```
<Block BlockType="SubSystem" Name="Example" SID="1">
  <P Name="Ports">[0,0]</P>
  <System>
    <Block BlockType="Reference" Name="s1" SID="2">
      <P Name="Ports">[1,1]</P>
      <P Name="SourceBlock">Library/SpringA</P>
    </Block>
    <Block BlockType="Reference" Name="s2" SID="3">
      <P Name="Ports">[1,1]</P>
      <P Name="SourceBlock">Library/SpringB</P>
    </Block>
    <Line>
      <P Name="Src">1#out:1</P>
      <P Name="Dst">2#in:1</P>
    </Line>
  </System>
</Block>
```

10.8.5 Simulink 建模，在带有约束的块之间

当 Simscape 与 Simulink 一起使用时，SysML 连接器是由一个没有包含 PhSVariables 约束的块所拥有，并且在包含 PhSVariables 约束的块的连接端口（见 10.9 节）对应一种称为连接的 Simulink 的 Line 行。

以下的 Simulink 代码与图 10.8 相对应，假设 SpringA 和 SpringB 包含 PhSVariables 的约束。它有一个子系统块，其中两个块 s1 和 s2 分别引用 Simscape 组件 SpringA 和 SpringB，在 10.7.10 中类似 Spring 定义。弹簧有一个左端口（p1）和一个右端口（p2），每个端口由一行“连接”类型链接（见 10.8.4 小节）。

```
<Block BlockType="SubSystem" Name="Example" SID="1">
  <P Name="Ports">[0,0]</P>
  <System>
    <Block BlockType="Reference" Name="s1" SID="2">
      <P Name="Ports">[0,0,0,0,0,1,1]</P>
      <P Name="SourceBlock">Library/SpringA</P>
      <P Name="SourceType">SpringA</P>
      <P Name="SourceFile">Library.SpringA</P>
      <P Name="ComponentPath">Library.SpringA</P>
      <P Name="ClassName">SpringA</P>
    </Block>
    <Block BlockType="Reference" Name="s2" SID="3">
      <P Name="Ports">[0,0,0,0,0,1,1]</P>
      <P Name="SourceBlock">Library/SpringB</P>
      <P Name="SourceType">SpringB</P>
      <P Name="SourceFile">Library.SpringB</P>
      <P Name="ComponentPath">Library.SpringB</P>
      <P Name="ClassName">SpringB</P>
    </Block>
    <Line LineType="Connection">
      <P Name="Src">1#rconn:1</P>
      <P Name="Dst">2#lconn:1</P>
    </Line>
  </System>
</Block>
```

10.8.6　Simulink 建模，在有约束的块和没有约束的块之间

当 Simscape 与 Simulink 一起使用时，SysML 块所拥有的连接器由一个不包含 PhSVariables 约束的块所拥有，并且将包含 PhSVariables 约束的块的端口（见 10.9 节）连接到其他不包含 PhSVariables 约束块的端口，如第 11.3 节所示的块，或者反之亦然。在这种情况下，有必要在它们之间使用一个额外的块，将一个常规的 Simulink 信号转换为 Simscape 信号，反之亦然。具体来说，Simulink 连接将带有约束（通过端口）的块与转换器块连接，而 Simulink 行 Line，则将转换器块与没有约束的块相连接。

以下的 Simulink 代码连接一个 Simulink 块和一个 Simscape 组件，并与图 10.8 相对应。假设 SpringA 不包含 PhSVariables 约束，而 SpringB 包含。该代码有一个子系统块，其中 s1 块引用 Simulink 块 SpringA（类似 10.7.5 小节中定义的 Spring），一个将规则信号转换成物理信号的块 tr1，一个 s2 块引用 Simscape 组件 SpringB（类似 10.7.10 小节中定义的 Spring），一个块 tr2 将物理信号转换成规则信号，块 s3 也引用了 Simulink 块 SpringA。类型为 Connection 连线 Line 连接了 s1、tr1、s2、tr2 和 s3。

```
<Block BlockType="SubSystem" Name="Example" SID="1">
  <P Name="Ports">[0,0]</P>
  <System>
    <Block BlockType="Reference" Name="s1" SID="1">
      <P Name="Ports">[1,1]</P>
      <P Name="SourceBlock">Library/SpringA</P>
    </Block>
    <Block BlockType="Reference" Name="tr1" SID="2">
      <P Name="Ports">[1, 0, 0, 0, 0, 0, 1]</P>
      <P Name="SourceBlock">nesl_utility/Simulink-PS
Converter</P>
      <P Name="SourceType">Simulink-PS
Converter</P>
    </Block>
    <Block BlockType="Reference" Name="s2" SID="3">
      <P Name="Ports">[0,0,0,0,0,1,1]</P>
      <P Name="SourceBlock">Library/SpringB</P>
      <P Name="SourceType">SpringB</P>
      <P Name="SourceFile">Library.SpringB</P>
      <P Name="ComponentPath">Library.SpringB</P>
      <P Name="ClassName">SpringB</P>
    </Block>
    <Block BlockType="Reference" Name="tr2" SID="4">
      <P Name="Ports">[0, 1, 0, 0, 0, 1]</P>
      <P Name="SourceBlock">nesl_utility/PS-Simulink
Converter</P>
      <P Name="SourceType">PS-Simulink
Converter</P>
    </Block>
    <Block BlockType="Reference" Name="s3" SID="5">
      <P Name="Ports">[1,1]</P>
      <P Name="SourceBlock">Library/SpringA</P>
    </Block>
    <Line>
      <P Name="Src">1#out:1</P>
      <P Name="Dst">2#in:1</P>
    </Line>
    <Line LineType="Connection">
      <P Name="Src">2#rconn:1</P>
      <P Name="Dst">3#lconn:1</P>
    </Line>
    <Line LineType="Connection">
      <P Name="Src">3#rconn:1</P>
      <P Name="Dst">4#lconn:1</P>
    </Line>
    <Line>
      <P Name="Src">4#out:1</P>
      <P Name="Dst">5#in:1</P>
    </Line>
  </System>
</Block>
```

10.8.7　Simscape 建模

当 Simscape 与 Simulink 一起使用时，SysML 连接器由一个包含 PhSVariables 的块所拥有，它对应于 Simscape 连接。

以下的 Simscape 代码对应图 10.8。它有一个包含两个组件 s1 和 s2 类型的块示例，组件类型分别为 Spring A 和 Spring B，类似 10.7.10 节中定义的 Spring，以及 s1.p2 和 s2.p1 之间的连接。

```
component Example
  components
    s1=Library.SpringA;
    s2=Library.SpringB;
  end
  connections
  connect(s1.p2, s2.p1);
  end
end
```

10.8.8　概要

系统模型的连接器与仿真模型的对应转换关系，如表 10.7 所列。

表 10.7　系统模型的连接器与仿真模型的对应转换关系表

SysML	Modelica	Simlink（without Simscape）	Simulink（With Simscape）	Simscape
输入或输出流特性的端口之间的连接器	组件间连接方程	输入 / 输出之间的连线 Line	连接器之间的连接线	连接语句
输入流特性端口间的连接器	组件间连接方程	（不可用）	连接器之间的连接线	连接语句

10.9　带约束的块

10.9.1　目的

在仿真模型中，系统行为通过与系统特性值相关的表达式来表示。仿真表达式涉及从已知变量计算一个未知的变量。

10.9.2　SysML 建模

仿真表达式对应于 SysML 中的约束块。约束块是具有参数和约束特性（由约束块类型化的特性）的块。参数是使用在方程中的特性，而约束就是方程。

SysML 块通过约束块类型化的特性（约束特性）和拥有绑定连接器来使用约束块，将约束块的参数与块的其他特性联系起来。

10.9.3 至 10.9.6 小节涵盖信号流建模，10.9.7 至 10.9.10 小节涵盖物理交互建模。

10.9.3　SysML 建模，信号流

图 10.9 表明一个信号流应用的示例性约束块，类似图 22 中定义的端口，不同点是在一个系统中包含附加到另一个对象的弹簧。SpringMassSys 块有一个 SysML 约束特性 smsc，类型为 SMSConstraint。约束块有 6 个参数，每个参数绑定到从弹簧质量系统可以到达的特性：

- f 被绑定到通过端口 u 输入的信号，端口带有 rsig 输入流特性的类型；
- pos 绑定到通过端口 y 输出的信号，端口带有 rsig 输出流特性的类型；
- x 绑定到 PhSVariable 类型的 position 变量；
- k 绑定到 PhSConstant 类型的 springcst 常量；
- v 绑定到 PhSVariable 类型的 velocity 变量；
- m 绑定到 PhSConstant 类型的 mass 常量，对象的质量附加在弹簧上。

约束块定义了三个表示方程的约束，用第 8 章指定的表达式语言编写。

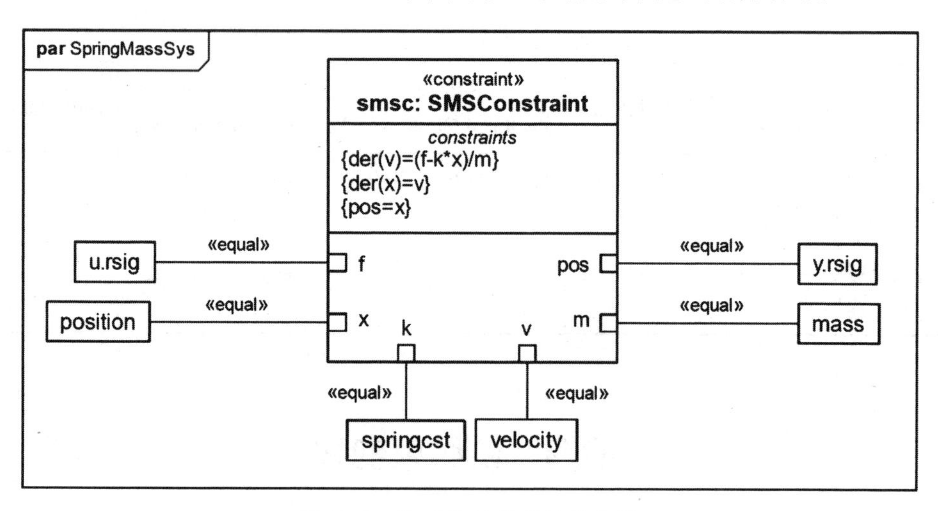

图 10.9　SysML 中信号流约束块

10.9.4　Modelica 建模，信号流

在具有约束特性的 SysML 块中，这些约束对应于 Modelica 中的相同方程（假设

约束块中使用了第 8 章中的表达式语言），除此之外，这些约束中的 SysML 参数与 Modelica 中绑定到 SysML 中的特性相对应外。

以下的 Modelica 代码对应图 10.9。它从约束块中得到了三个方程。根据图 9.12 中的绑定，在 Modelica 方程中，SysML 中的参数名 f 被 u 替换，pos 被 y 代替，x 被 position 替换，k 被 springcst 替换，v 被 velocity 替换，m 被 mass 替换。

```
model Spring
  input Real u;
  output Real y;
  Real position;
  parameter Real springcst = 1;
  Real velocity;
  parameter Real mass = 10;
equations
  der(velocity)=(u-springcst*position)/m;
  der(position)=velocity;
  y=position;
end Spring;
```

10.9.5 Simulink 建模，信号流

信号流的 SysML 约束块对应于 Simulink 的 S 函数。S 函数是一种 MATLAB 函数，定义输入变量、输出变量、连续状态变量以及离散状态变量。每个 S 函数变量是用数字而不是名字来标识的。状态变量仅能在 S 函数中访问（这与状态机中的状态不同，见 10.12 节）。SysML 约束块参数基于它们在 SysML 中的绑定方式对应于 S 函数，对于由相同约束块类型化的每个约束特性来说 S 函数是不同的。这意味着每个 SysML 约束特性对应于一个独立的 S 函数。每个 S 函数仅在特定上下文中使用（对应于约束特性），而 S 函数的名称必须反映该上下文。

S 函数包含连续状态变量导数、离散状态变量和输出变量的赋值。这些赋值对应于左侧仅有一个变量的 SysML 约束块的约束，该约束决定了被赋值的变量以及赋值的类型，其类型是：

- 左侧的连续状态变量对应于导数赋值；
- 左侧的离散状态变量对应于更新赋值；
- 左侧的输出变量对应于输出赋值。

在 S- 函数中，SysML 参数名被用作变量名。在 S 函数中，绑定到 PhSConstants 常量的 SysML 参数被 PhSConstants 常数的值替换。

包含输入或输出流特性的端口的绑定连接器分别对应于将输入和输出连接到 S 函数的输入和输出的 Simulink 连线 Line（见 10.8.4 小节）。

以下的 Simulink 代码对应图 10.9。它有一个弹簧仿真块 Spring，并带有一个输入端口和一个输出端口。Spring 还包含一个 S 函数块，它指向 S 函数 Spring_sc_SpringConstraint，该 S 函数有一个输入和一个输出。Spring 输入和输出端口分别与 S 函数块的输入和输出端口相连。S 函数 Spring_sc_SpringConstraint 具有一个设置函数，其有一个输入端口、一个输出端口和两个连续状态。该函数还注册了两个函数，这些函数将被用于导数计算和输出计算。这些函数包含来自 SysML 约束的赋值，执行的替换与 Modelica 中的相同（见 10.9.4 小节）。

```
<Block BlockType="SubSystem" Name="Spring" SID="1">
  <P Name="Ports">[1,1]</P>
  <System>
    <Block BlockType="Inport" Name="u" SID="2">
      <P Name="Port">1</P>
      </Block>
    <Block BlockType="Outport" Name="y" SID="3">
      <P Name="Port">1</P>
    </Block>
    <Block BlockType="M-S-Function" Name="sc" SID="4">
      <P Name="FunctionName">Spring_sc_SpringConstraint</P>
      <P Name="Ports">[1,1]</P>
    </Block>
    <Line>
      <P Name="Src">2#out:1</P>
      <P Name="Dst">4#in:1</P>
    </Line>
    <Line>
      <P Name="Src">4#out:1</P>
      <P Name="Dst">3#in:1</P>
    </Line>
  </System>
</Block>
function Spring_sc_SpringConstraint(block)
  setup(block);
end
function setup(block)
  block.NumInputPorts =1;
  block.NumOutputPorts =1;
  block.NumContStates =2;
  block.RegBlockMethod('Derivatives',@Derivative);
  block.RegBlockMethod('Outputs',@Output);
  block.SampleTime=[0 0];
```

```
end
function Derivative(block)
   block.Derivatives.Data(1)=(block.InputPort(1).Data-1*block.ContStates.
Data(2))/10;
  block.Derivatives.Data(2)=block.ContStates.Data(2);
end
function Output(block)
  block.OutputPort(1).Data=block.ContStates.Data(2);
end
```

10.9.6　Simscape 建模，信号流

Simscape 通过提供一种方式来指定组件的输入和输出信号来支持信号流。具有约束特性的 SysML 块对应于 Simulink 组件中的方程，执行的替换与 Modelica 中的替换相同（见 10.9.4 节）。Simscape 不支持离散变量的建模（与 S 函数相比，见 10.9.5 小节）。

以下的 Simscape 代码对应图 10.9。它有一个弹簧组件 Spring，并带有一个输入 u，一个输出 y，两个参数 springcst 和 mass，以及两个变量 position 和 velocity（见 10.11.5 小节和 10.7.6 小节）。该组件有连接这些变量的方程，即两个计算变量导数的方程，以及一个确定输出的方程。

```
component Spring
  inputs
    u = {0, 'unit' }; % :left
  end
  outputs
    y = {0, 'unit' }; % :right
  end
  parameters
    springcst = 1;
    mass = 10;
  end
  variables
    position = 0;
    velocity = 0;
  end
  equations
    der(velocity)=(u-springcst*position)/m;
    der(position)=velocity;
    y=position;
  end
end
```

10.9.7 SysML 建模，物理交互

图 10.10 表明一个信号流应用的约束块示例，使用第 10.7.7 节中图 23 定义的端口类型。它有一个包含 8 个参数的约束块 SpringConstraint，每个约束都绑定到从 Spring 可以访问的特性：

- 弹簧两端的力和速度（f1，v1，f2，v2）与流经 p1 和 p2 端口的守恒量种类的力和速度绑定，它们具有输入流特性类型；
- 弹簧长度（x）的变化与 PhSVariable 类型的变量 lengthchg 绑定；
- 弹簧常数（k）与 PhS Constant 类型的常数 springcst 绑定；
- 穿过弹簧的力和两端速度（v，f）的差，都分别于 PhSVariables 类型的变量与 PhSVariables 变量 forcethru 和 velocitydiff 绑定在一起。

以上的 PhSVariables 变量和 PhS Constants 常量是在 Spring 块上定义的，但没有在图 9.10 中显示。约束块定义了 5 个表示方程的约束，使用第 8 章规定的表达式语言编写。

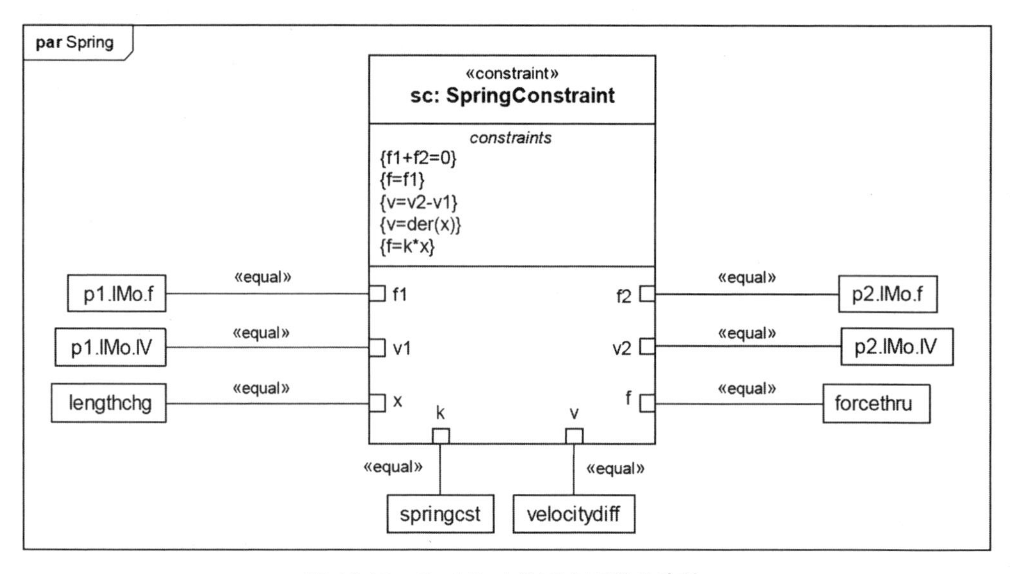

图 10.10　SysML 中物理交互的约束块

10.9.8 Modelica 建模，物理交互

在具有约束特性的 SysML 块中，约束对应 Modelica 中相同的方程（假设第 8 章给出的表达式语言在 SysML 约束块中使用），除了这些方程中的 SysML 参数与它们在 SysML 中绑定到的 Modelica 中的特性相对应（Modelica 中省略了 SysML 中的流特性路径引导至 PhSVariables 守恒数量类型上的流动特性，见 10.7.8 节）。

以下的 Modelica 代码对应图 10.10。它有五个方程来自 SysML 约束块。在

Modelica方程中，SysML参数名按照图14中的绑定进行替换，其中：f1被p1.f代替，v1被p1.lV代替，x被lengthchg代替，k被springcst代替，v被velocitydiff代替，f被forcethru代替，v2被p2.v代替，f2被p2.f代替。

```
model Spring
  Flange p1;
  Flange p2;
  Real lengthchg;
  parameter Real springcst = "10";
  Real velocitydiff
  Real forcethru
equation
  p1.f+p2.f=0
  forcethru=p1.f;
  velocitydiff=p1.lV-p2.lV;
  velocitydiff=der(lengthchg);
  forcediff=springcst*lengthchg;
end Spring;
```

10.9.9　Simulink建模，物理交互

物理交互是用Simscape扩展到Simulink建模的，见10.9.10小节。

10.9.10　Simscape建模，物理交互

对于具有约束特性的SysML块，约束对应于Simscape组件中的相同方程（假设第8章描述的表达式在约束块中使用），Simscape中的替换与Modelica中的替换相同（见10.9.8小节），然后在Simscape域中对平衡变量进行额外替换（见10.7.10小节）。在Simscape分支语句中定义了额外的替换，每个语句都引入了一个新的变量，用于在方程中（在以上的初始替换之后）替换每个路径到端口上的平衡变量。

以下的Simscape代码对应图10.10。它有五个方程来自SysML约束块。注意分支语句定义的附加变量，在方程中p1.f被p1f替换，p2.f被p2f替换（在以上的初始替换之后）。

```
component Spring
  variables
    forcethru={0,'N'};
    velocitydiff={0,'m/s'};
    lengthchg={0, 'm'};
    p1f={0,'N'};
```

```
    p2f={0,'N'};
  end
  nodes
    p1=Library.Flange;% :left
    p2=Library.Flange;% :right
  end
  parameters
    springcst={10,'1'};
  end
  function setup
  end
  branches
    p1f: p1.f->*;
    p2f: p2.f->*;
  end
  equations
    p1f+p2f=0;
    forcethru=p1f;
    velocitydiff=p1.lV-p2.lV;
    velocitydiff=der(lengthchg);
    forcethru=springcst*lengthchg;
  end
end
```

10.9.11 概要

系统模型的带约束的块与仿真模型的对应关系，如表 10.8 所列。

表 10.8 系统模型的带约束的块与仿真模型的对应关系表

SysML	Modelica	Simlink	Simscape
约束块，特性为约束	（不可用）	S 函数	（不可用）
绑定到通过输入流特性的特性路径的约束参数	（不可用）（被替换的方程中的 SysML 约束参数）	输入变量	（不可用）（被替换的方程中的 SysML 约束参数）
绑定到经过输出流特性的特性路径的约束参数	（不可用）（被替换的方程中的 SysML 约束参数）	输出变量	（不可用）（被替换的方程中的 SysML 约束参数）

续表 10.8

SysML	Modelica	Simlink	Simscape
连续 PhSVariable 约束参数	（不可用）（被替换的方程中的 SysML 约束参数）	连续状态变量	（不可用）（被替换的方程中的 SysML 约束参数）
离散 PhSVariable 约束参数	（不可用）（被替换的方程中的 SysML 约束参数）	离散状态变量	（不可用）（被替换的方程中的 SysML 约束参数）
离散 PhSConstant 常量	（不可用）（被替换的方程中的 SysML 约束参数）	数值或布尔值（在方程中替换）	（不可用）（被替换的方程中的 SysML 约束参数）
约束	模型中与包含约束特性的 SysML 块相对应的方程（用替换）	根据方程中左侧变量的类型输出离散或导数赋值	与包含约束特性的 SysML 块对应的组件中的方程（用替换）

10.10　缺省值和初始值

10.10.1　目的

系统和仿真模型可以指定在未给出其他值的情况下使用的数据类型特性的值。

10.10.2　SysML 建模

SysML 有两种方法来指定特性的值，这些特性在未给出其他值的情况下使用：

- 缺省值被定义在要被赋予值的特性上。在创建每个实例时，每个块的每个实例都会继承一个块所拥有的特性的缺省值（或该特性泛化的任何块）；
- 初始值是在其他特性上定义的，这些特性是由具有相同特性（或其泛化的任何块）的块类型化的，这些特性将被赋予初始值。当这些值成为其他特性的值时，这些初始值将被赋予块的实例。

初值覆盖缺省值，因为初值是在已创建的实例成为指定初值的另一个特性的值时设置的，而缺省值仅在创建实例时设置。在将缺省值和初始值赋予实例后，就可以更改它们。

图 10.11 表明在 SysML 中如何使用默认值和初始值。图的左侧表明一个块 B，它的特性 val 有一个默认值 10。右侧显示一个带有类型 B 的特性 b 的块 A，b 的 val 初值设为 20。

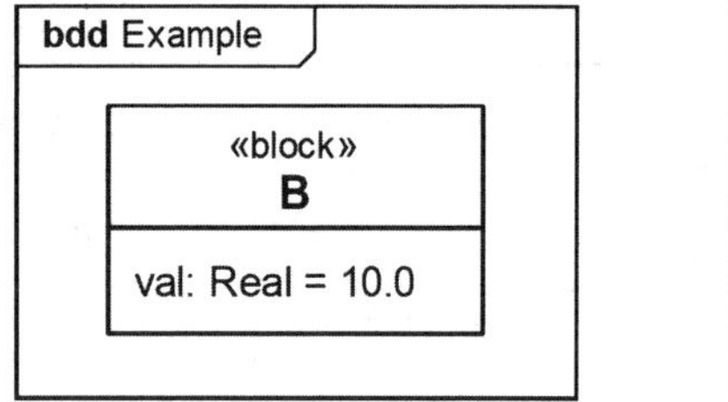

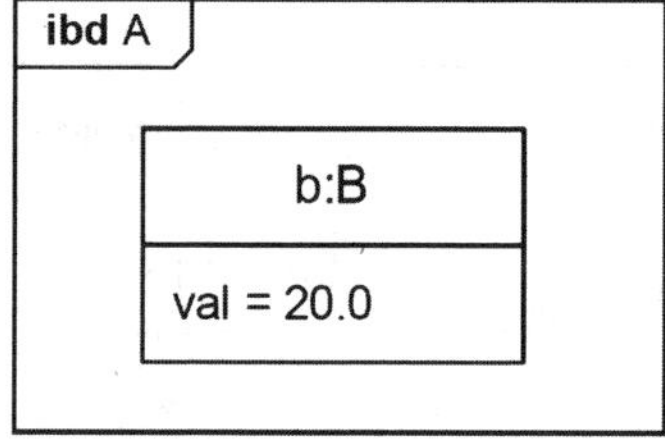

图 10.11　SysML 中的默认值和初始值

10.10.3　Modelica 建模

SysML 缺省值和初始值对应 Modelica 组件的 start 值。start 值被标记为 fixed = true，系统要求在仿真开始时设置该值（否则，仿真器将 strat 值作为建议值，进行计算以求解方程）。

以下的 Modelica 代码对应图 9.14。它有一个带有 val 组件的模型 B。val 组件的初始值为 10。类 A 包含一个类型为 B 的组件 b，组件将 b.val 起始值修改为 20.0。

```
model B
  Real val(start = 10.0, fixed = true);
end B;
model A
  B b(val.start = 20.0, val.fixed = true);
end A;
```

10.10.4　Simulink 建模

PhSVariables 类型的缺省值（或重写初值）对应相应的 S 函数变量的初值（见 10.9.5 小节），但是如果它们是顶层系统块以下特性的初值，或者是由具有组成部分特性的块类型化的特性，那么它们与 Simulink 重新定义的特性具有相同的对应关系（见 10.5.4 和 A.5.9 小节）。

以下的 Simulink 代码对应图 9.14，假设 PhSVariable 变量 var 绑定到一个约束参数（该参数对应 S 函数变量）。该代码表明一个 S 函数为离散变量和连续变量设置初始值。它还展示了一个设置函数，该函数定义了一个连续变量和一个离散变量，这些变量是用数字（在本例中这两个变量都是 1）来标识的。特性 NumDworks、Dwork、NumContStates 和 ContStates 在 Simulink 中预先定义，前两个为离散变量，后两个为连续变量。两个变量的值都是 20。

```
function setup(block)
  block.NumDworks = 1;
```

```
  block.Dwork(1).Data = 20.0;
  block.NumContStates = 1;
  block.ContStates.Data(1) = 20.0;
end
```

10.10.5　Simscape 建模

SysML 缺省值对应于 Simscape 变量和参数的初始值。SysML 初始值对应于 Simulink 中使用的 Simscape 组件。Simscape 中初始值的优先级必须设置为 high（否则仿真器会计算在仿真开始时求解方程的初始值）。

以下的 Simscape 代码与图 9.14 中的 BDD 图相对应。它表明一个 Simscape 组件 B 定义了一个初始值为 10 的变量 val。

```
component B
  variables
    val={value=10,priority=priority.high};
  end
end
```

以下的 Simulink 代码与图 9.14 中的 IBD 图相对应。它在 Simulink 中使用了 Simscape 组件，并覆盖了变量 val 的初始值，值为 20。

```
<Block BlockType="Reference" Name="b" SID="2">
  <P Name="SourceBlock">Library/B</P>
  <P Name="SourceType">B</P>
  <P Name="SourceFile">Library.B</P>
  <P Name="ComponentPath">Library.B</P>
  <P Name="ClassName">B</P>
  <P Name="val">20.0</P>
</Block>
```

10.10.6　概要

系统模型的缺省值和初始值，与仿真模型的对应关系，如表 10.9 所列。

表 10.9　系统模型的缺省值和初始值与仿真模型的对应关系表

SysML	Modelica	Simlink	Simscape
缺省值	起始值（固定）	S 函数初值	成员初始值（高优先级）
初值	起始值（固定）	（不可用）	成员赋值（高优先级）

10.11 数据类型和单位

10.11.1 目的

系统和仿真模型包括物理量的单位，以便检查表达式中变量的单位的一致性。

10.11.2 SysML 建模

SysML 中的数据类型称为值类型。SysML 数值类型可以关联到单位，其中单位是用 SysML 单位块来进行建模的。这些单位链接到由 SysML 数值类型泛化的值类型。单位及其表示单位的符号遵循 ISO 80000 标准。

图 10.12 展示了在 SysML 中定义带有单位的一个值类型，单位来自于 11.4 节中图 11.5 所示的单位库，它有一个值类型的 Force 变量，并由 real 类型泛化而来，其单位为牛顿。牛顿为单位的符号为 N。

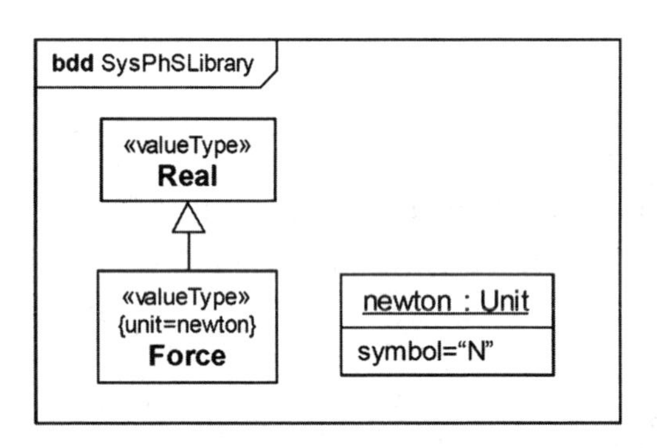

图 10.12　SysML 中的单位

10.11.3 Modelica 建模

Modelica 数据类型可以进行子类型化以添加一个单位符号，这个符号的解释在 Modelica 中没有定义。

以下的 Modelica 代码对应图 10.12，它有一个类型 Force，并扩展了 Real，分配给它的单位符号是 N。

```
type Force=Real(unit="N");
```

10.11.4 Simulink 建模

Simulink 的输入和输出端口可以包含单位。Simulink 定义了一些单位符号，建模者可以添加自己定义的符号。表 10.10 说明 ISO 80000 标准和 Simulink 标记的对应关系。

表 10.10　ISO 80000 标准和 Simulink 标记的对应关系

单位操作	ISO 80000	Simulink
指数表示	上标：如 m3	插入符号 ^：如 m^3
乘法	如：N · m	* 号：如（N*m）

表 10.11 表明当单位不同时，ISO 80000 和 Simulink 符号之间的对应关系。

表 10.11　ISO 8000 和 Simulink 符号之间的对应关系

ISO 80000	Simulink
Ω	ohm
°	deg
Å	ang
μ	u

以下的 Simulink 代码对应图 9.15，它有一个带有单位 N 的输入端口 in1。

```
<Block BlockType="Inport" Name="In1" SID="1">
    <P Name="Unit">N</P>
</Block>
```

10.11.5　Simscape 建模

单位符号可以与 Simscape 中的变量和参数相关联，Simscape 使用 Simulink 中定义的单位符号（见 10.11.4 节）。

以下的 Simscape 代码对应图 10.12，它有一个初始值为 0 的变量 force，N 是牛顿的符号。

```
variables
  force={0,'N'};
end
```

10.11.6　概要

系统模型的数据类型和单位，与仿真模型的对应关系，如表 10.12 所列。

表 10.12 系统模型的数据类型和单位与仿真模型的对应转换关系表

SysML	Modelica	Simlink	Simscape
带有单位的对 real、integer 或 Boolean 泛化得到的数值类型	与单位符号等价的数据类型	（不可用）	（不可用）
由 real、integer 或 Boolean 或其特化块泛化而来的数值类型	等价的数据类型类型化的组件	（不可用）	带有关联单位的变量
Real	Real	double	double
String	String	（不可用）	（不可用）
Boolean	Boolean	Boolean	（不可用）
Integer	Integer	Int32	（不可用）

10.12 状态机

10.12.1 目的

在系统建模和仿真建模中，状态机指定了系统和组件如何对变化作出反应，这些变化通常是由它们所处的环境所引起（这与仿真状态变量不同，见 10.9.5 节）。状态机包含状态和它们之间的转换，对象被称为“在”特定的状态，转换指定了对象改变其所在状态的时机。状态为处于这些状态的对象定义行为，转换具有指定对象何时改变状态的条件。一个对象的条件变化通常由于其环境的影响而产生，当变化时，转换可以通过改变对象的状态，从而改变对象的行为来做出反应。状态机可以包含其他状态机，并且可以同时处于多个状态，但是此规范不提供对这些功能的解释。

10.12.2 SysML 建模

SysML 状态机可以是块的行为。对于仿真来说，关注的 SysML 能力包括：

- 触发基于布尔表达式评估的转换，涉及时间和特性值，包括到达端口类型流特性的值。这些可以使用时间事件和变更事件建模；
- 当特定状态打开时，通过带有输出流特性的端口将值从对象中发送出去。图 10.13 表明一个带有简单状态机的块计算器。

RealInSignalElement 和 RealOutSignalElement 分别来自信号流库（见 11.2.1 小节）。状态机有一个初始伪状态，及 StandBy 和 On 两个状态。从初始伪状态到 StandBy 状态的转换有一个相对时间事件，表示在进入初始伪状态 5 秒后，触发转换。从 StandBy 到 On 的转换有一个改变事件，表示当 u.sigsp 等于 1 时触发转换（这是信号流仿真中

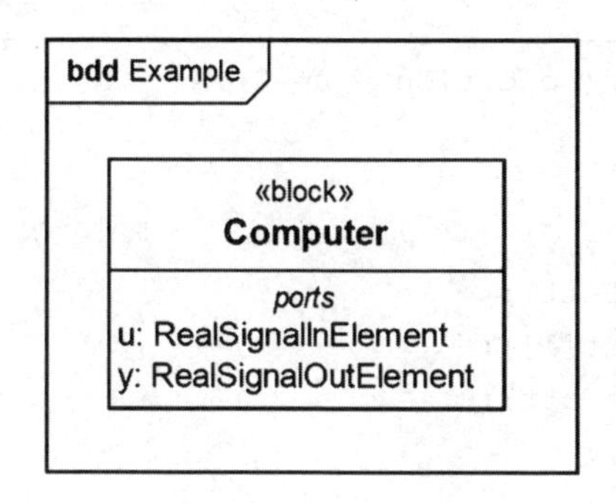

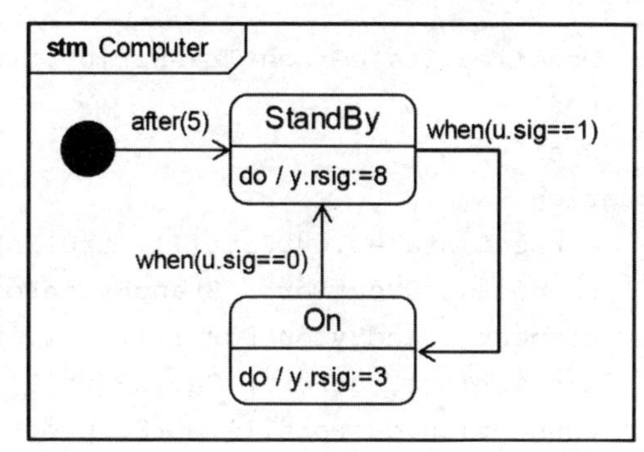

图 10.13　SysML 状态机

的信号，而不是 SysML 中的信号）。从状态 On 到 StandBy 的转换有一个改变事件，表示当 u.sigsp 等于 0 时触发转换。当计算器处于 StandBy 状态时，y.sigsp 被设置为 8，当计算机处于 ON 状态时，y.sigsp 被设置为 3。

10.12.3　Modelica 建模

Modelica 3.3 引入了对状态机的支持，但在本书编写时，它们还没有在仿真工具中得到广泛应用。相反，本书使用 Modelica 标准库，支持状态机的某些功能。SysML 状态机与 Modelica 模型对应，拥有状态机的 SysML 块的所有 SimVariables 变量和常量与 Modelica 状态机相同。SysML 状态机元素与 Modelica 状态机的对应关系如下：

- 初始伪态对应于初始步骤；
- 状态对应于步骤（step）；
- 转换对应于转换；
- 时间事件对应于转换等待时间；
- 改变事件对应于转换条件；
- 状态行为（用 doActivity 指定）对应对象处于特定状态时执行的 Modelica 代码。

以下的 Modelica 代码对应图 10.13。

```
model Computer
  input Real u;
  output Real y;
  ComputerSM _ComputerSM;
  model ComputerSM
    Modelica.StateGraph.InitialStep state0(nIn = 0, nOut = 1);
    Modelica.StateGraph.Step StandBy(nIn = 2, nOut = 1);
    Modelica.StateGraph.Step On(nIn = 1, nOut = 1);
    Modelica.StateGraph.Transition tr0(condition = true, enableTimer =
    true,waitTime = 5);
    Modelica.StateGraph.Transition tr1(condition = u==1);
```

```
    Modelica.StateGraph.Transition tr2(condition = u==0);
    Real u;
    Real y;
equation
    connect(state0.outPort[1], tr0.inPort);
    connect(tr0.outPort, StandBy.inPort[1]);
    connect(StandBy.outPort[1], tr1.inPort);
    connect(tr1.outPort, On.inPort[1]);
    connect(On.outPort[1], tr2.inPort);
    connect(tr2.outPort, StandBy.inPort[2]);
algorithm
    if StandBy.active then
      y := 8;
    end if;
    if On.active then
      y := 3;
    end if;
  end ComputerSM;
equation
  u = _ComputerSM.u;
  y = _ComputerSM.y;
end Computer;
```

代码表明带有一个输入变量 u 、一个输出变量 y 和一个组件 _ComputerSM 的模型计算机，为了下一步定义一个状态机 ComputerSM。ComputerSM 复制了计算器的部件，但状态机部件除外。ComputerSM 有一个初始 step：state0，另外两个 step：StandBy 和 On，以及三个转换 tr0，tr1 和 tr2。每个转换都有转换条件，每一 step 都表明它有多少输入和输出。ComputerSM 包含连接步骤和转换端口的方程，以及在机器启动或停止每一步时分配数字组件值的算法部分。回到计算器，方程将其组件绑定到状态机的组件上。

10.12.4 Simulink/StateFlow 建模

Simulink 有一个称为 Stateflow 的状态机的扩展，提供了 SysML 状态机的一些特征（StateFlow 并不扩展 Simscape）。StateFlow 支持转换的条件决定是否遍历它们的转换，以及当对象处于特定状态时执行的操作。它使用默认的转换，而不是像 SysML 中那样从初始伪状态转换。StateFlow 状态机是块，而不是单独的行为，如 SysML 那样。

以下 Simulink 和 StateFlow 代码对应图 10.13。

```
<Block BlockType="SubSystem" Name="Computer" SID="2">
  <P Name="Ports">[1,1]</P>
  <P Name="SFBlockType">Chart</P>
  <System>
    <P Name="Open">off</P>
    <Block BlockType="Inport" Name="u" SID="2::1">
      <P Name="Port">1</P>
    </Block>
    <Block BlockType="Outport" Name="y" SID="2::2">
      <P Name="Port">1</P>
    </Block>
    <Block BlockType="S-Function" Name=" SFunction " SID="2::5">
      <P Name="FunctionName">sf_sfun</P><P Name="Ports">[1,2]</P>
    </Block>
    <Block BlockType="Demux" Name="Demux" SID="2::6">
      <P Name="Outputs">1</P>
    </Block>
    <Block BlockType="Terminator" Name="Terminator" SID="2::7"/>
    <Line>
      <P Name="Src">2::1#out:1</P><P Name="Dst">2::5#in:1</P>
    </Line>
    <Line>
      <P Name="Src">2::5#out:2</P><P Name="Dst">2::2#in:1</P>
    </Line>
    <Line>
      <P Name="Src">2::5#out:1</P><P Name="Dst">2::6#in:1</P>
    </Line>
    <Line>
      <P Name="Src">2::6#out:1</P><P Name="Dst">2::7#in:1</P>
    </Line>
  </System>
</Block>
<Stateflow>
  <machine id="1">
    <P Name="isLibrary">0</P>
    <Children>
      <target id="2" name="sfun"/>
      <chart id="3">
        <P Name="name">Computer</P>
        <P Name="chartFileNumber">1</P>
        <P Name="saturateOnIntegerOverflow">1</P>
```

```
        <P Name="userSpecifiedStateTransitionExecutionOrder">1</P>
        <P Name="disableImplicitCasting">1</P><P Name="action-
        Language">2</P>
        <Children>
          <state SSID="5">
          <P Name="labelString">StandBy
during:y=8;</P>
          </state>
          <state SSID="6">
            <P Name="labelString">On
during:y=3;</P>
          </state>
          <data SSID="7" name ="u">
            <P Name="scope">INPUT_DATA</P>
          </data>
          <data SSID="8" name ="y">
            <P Name="scope">OUTPUT_DATA</P>
          </data>
          <transition SSID="11">
            <P Name="labelString">[after(5, sec)]</P>
          <src/>
          <dst>
            <P Name="SSID">5</P>
          </dst>
            <P Name="executionOrder">1</P>
          </transition>
          <transition SSID="12">
            <P Name="labelString">[u==1]</P>
            <src>
              <P Name="SSID">5</P>
            </src>
            <dst>
              <P Name="SSID">6</P>
            </dst>
            <P Name="executionOrder">1</P>
          </transition>
          <transition SSID="13">
            <P Name="labelString">[u==0]</P>
            <src>
              <P Name="SSID">6</P>
            </src>
```

```
          <dst>
            <P Name="SSID">5</P>
          </dst>
          <P Name="executionOrder">1</P>
        </transition>
      </Children>
    </chart>
  </Children>
</machine>
<instance id="4">
  <P Name="name">Computer</P>
  <P Name="machine">1</P>
  <P Name="chart">3</P>
</instance>
</Stateflow>
```

顶部代码的块部分是用 Simulink 表示的状态机的一部分，它显示了一个类型为 Chart 的计算机块，其中包含一个输入端口（u）、一个输出端口（y）和一个与状态机相对应的 S 函数。Simulink 需要另外两个块 Demux 和 Terminal 来执行状态机。Line 将块的内部端口连接到 S 函数的输入端，S 函数的第二个输出连接到块的输出端。代码底部的 Stateflow 部分是 Stateflow 中表示的状态机的一部分。它展示了一个状态机，其中包含一个输入 u、一个输出 y、两个状态 StandBy 和 On、一个默认转换（没有源的转换）和两个转换。待机期间字符串指示在计算器处于 StandBy 状态时，输出 y 设置为 8。 默认转换中的标签指示转换在 5 秒后被触发。两个转换的条件表明，当输入 u 等于 1 时，第一个转换触发，当输入 u 等于 0 时，第二个转换触发。

10.12.5　概要

系统模型的状态机及其参数与仿真模型的对应关系，如表 10.13 所列。

表 10.13　系统模型的状态机及其参数与仿真模型的对应转换关系表

SysML	Modelica	Simlink	Simscape
分类行为状态机的块	模型（规则）	SFBlockType 类型的块	（不可用）
状态机	块	S 函数	状态机图
初始伪状态	InitialStep 组件	（不可用）	（不可用）
状态	Step 组件	（不可用）	状态
转换	转换组件	（不可用）	转换

续表 10.13

SysML	Modelica	Simlink	Simscape
从初始伪状态开始的转换	转换组件	（不可用）	缺省转换
不透明表达式 doActivity	由处于该状态的对象条件化状态中的语句	（不可用）	状态中的 during 语句
改变时间触发	转换条件	（不可用）	转换条件
相对时间事件	等待时间表达式	（不可用）	after（ ）语句

10.13 数学表达式

表 10.14 显示了在转换为 MATLAB（Simulink、Simscape 和 StateFlow 中的表达式语言）时要替换的 SysPhS 表达式语法（见第 8 章）。转换成 Modelica 不需要替换。

表 10.14 在转换为 Matlab 时要替换的 SysPhS 表达式语言句法表

SysPhS 表达	MATLAB 等效
‘if’ ... ‘then’ ... ‘elseif’ ... ‘then’ ... ‘else’ ... ‘end’ ‘if’	‘if’ ... ... ‘elseif’ ... ‘else’ ...
‘for’ ... ‘in’ ... ‘loop’ ... ‘end’ ‘for’	‘for’ ... ‘=’ ... ... ‘d’
‘=’	‘==’
‘<>’	‘~=’
‘not’	‘~’
‘and’	‘&&’
‘or’	‘||’
‘: =’	‘=’
‘div’	‘idivide’

第 11 章　平台无关组件库

11.1 介　绍

11.2 和 11.3 节分别为组件交互和行为定义了一个独立于平台的可重用块的库，10.11 节定义了 11.2.2 小节中使用的单位定义值类型，11.5 节定义了 11.3 节中使用的仿真平台的扩展。

11.2　组件交互

11.2.1　信号流

本节定义了信号流的元素，并将其用作（或泛化）系统组件块或端口类型，如图 11.1 所示。有关附加的信号流元素，见 11.3.4 小节。

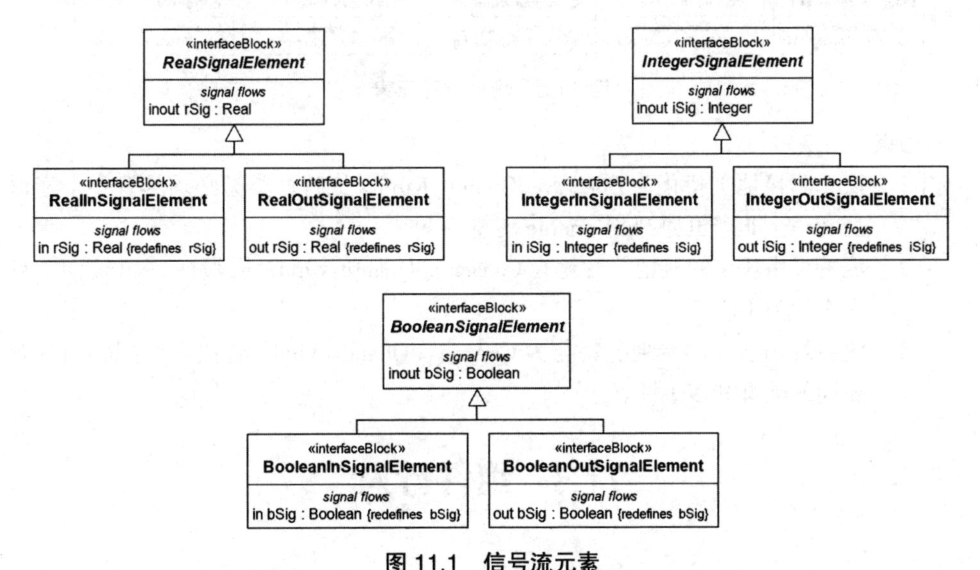

图 11.1　信号流元素

11.2.2　物理交互

本节定义了物理交互的元素（有关的值类型和单位，见第 10.11 节）。守恒量类型是实体物质的特征，这些物质在组件之间交换时不会被创建，也不会被消耗。例如，电荷具有穿越物体边界的基本物理粒子的特征。守恒量类型被模型化为块，该块直接由 ConservedQuantityKind 专用块进行建模，并由 SysML 的 QuantityKind 泛化而来，如图 11-2 所示。这些可通过项流和项特性的类型来传递，每个守恒量类型的特化（名称前缀为 “flowing”）仅用于类型化流特性。它们提供两个 PhSVariables 类型变量描述流，分别为守恒量（流率）和为非守恒量（流势）。例如，电荷的流率（即电流）在元件之间的增量必须为零（即守恒），而流势（即电压）必须相同（见 7.2.2 小节）。这些变量仅适用于守恒量种类，通过流特性穿越组件的边界，由其根据边界所定义（穿越其的速率或穿越其的势能）。流特性可用于作为（泛化）构件或端口类型的块上，包括图 11.2 底部所示的接口块。

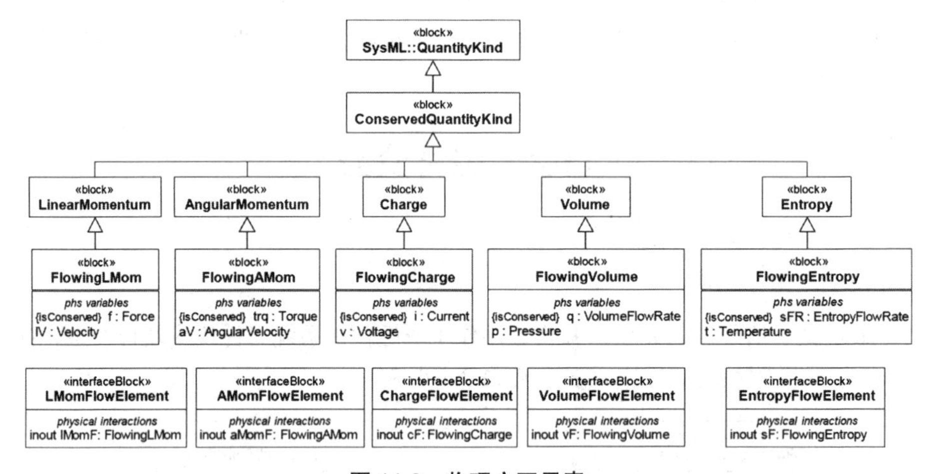

图 11.2　物理交互元素

约束:

[1] 块（间接地）特化为 ConservedQuantityKind，流特性类型必须具有一个守恒型和一个非守恒型 PhSVariable 变量。

[2] 流特性由块（间接地）特化为 ConservedQuantityKind，必须有 inout 流向，且多重性为 1。

[3] 流特性由块（间接地）特化为 ConservedQuantityKind，连接和匹配必须具有相同的类型和多重性。

11.3　组件行为

11.3.1　介绍

本节了定义与 Modelica 和 Simulink 库及其扩展中可重用组件所对应的 SysML 块。这些块的语义由 Modelica 库的相应元素给出（与 Simulink 及其扩展库的语义相同）。本节描述了组件块的基类和特性（包括端口）具有来自仿真平台扩展集中的构造型

（stereotype，见 11.5 节），以指定与其对应的仿真库元素。为简洁起见，使用表格形式描述组件块，每一行定义一个块。

在 11.3.2 小节和 11.3.3 小节中讲解的块用于信号流建模。对于表格列的描述如下：

- **组件块**：由行定义组件块的名称。
  - ◇ **Simulink 块**：SimulinkBlock 构造型的名称特性的值，应用于由行定义的块的基类。
  - ◇ **Modelica 块**：ModelicaBlock 构造型的名称特性的值，应用于行定义的块的基类，并通过前缀“Modelica.Blocks.”这个列生成。
- **组件端口（输入和输出）**：这些列的每一行都给出组件块端口的名称（这些端口对应于 Simulink 和 Modelica 的端口和组件，见 10.7.5 和 10.7.4 节）。
- **PhSConstants**：该列中的每一行都给出该行定义的块特性的名称，对应于下面两列中的同一行。
  - ◇ Simulink 和 Modelica 参数：SimulinkParameter 和 ModelicaParameter 构造型的名称特性的值，分别应用于 PhSConstants 列的同一行中的相应特性（参数构造型是专用的 PhSConstants 类型，见 11.5 节）。在 PhSConstants 列中的同一行上没有对应特性的行，若有则给出了在 Simulink 和 Modelica 中获得相同行为所需的其他参数，参数的值在前面加上一个相等符号。
- **平台行为**：当从平台库规范中确定时，告知 Simulink 和 Modelica 库元素的行为是否应该产生相同的值。当数值相等或数值相差很小的时，认为它们是相同的。

除非使用 V（矢量）或 M（矩阵）标记，否则在组件端口（输入和输出）PhSConstants 以及平台参数列中指定的仿真平台数据是标量。组件输入端口标量由 RealSignalInElement、IntegerignalInElement 以及 BooleanSignalInElement 类型化，而组件输出端口标量是由 RealSignalOutElement、IntegerSignalOutElement 以及 BooleanSignalOutElement 类型化（见 11.2.1 小节）。矢量的组件输入端口是由 RealVectorSignalInElement 特化并类型化的，而矢量的组件输出端口是由 RealVectorSignalOutElement 特化并类型化（见 11.5.3 小节）。矢量和矩阵的 PhSConstants 组件常量（仿真参数和模型参数）分别使用 MultidimensionalElement，并分别使用位数 * 和 *，*（见 11.5.2.4 小节）。使用具有矢量和矩阵特性的组件库模块的模型，应该使用实例规范指定初始值，其位置应满足第 11.5.2.4 小节中指定的限制。

在第 11.3.4 小节中，块是用于电气组件的，该表的列在该句子中有解释。

11.3.2　实值（Real-valued）组件

11.3.2.1　介绍

除另有说明之外，本节中在组件端口（输入和输出）、PhSConstants 以及平台参数列中指定的仿真平台数据都是实数类型。

11.3.2.2　连续组件

连续组件如表 11.1 所列。

表 11.1　连续组件表

Component 块	Simulink 块	Modelica 块	组件端口（输入）	组件端口（输出）	PhSConstants	Simulink 参数	Modelica 参数	平台行为
Integrator	Integrator	Continuous.Integrator	u	y	init.	InitialCondition	y start	相同
Derivative	Derivative	Continuous.Derivative	u	y				不同
StateSpace	StateSpace	Continuous.StateSpace	u (V)	y (V)	A (M) B (M) C (M) D (M)	A (M) B (M) C (M) D (M)	A (M) B (M) C (M) D (M)	相同
Transfer Function	TransferFcn	Continuous.TransferFunction	u	y	num (V) denom (V)	Numerator (V) Denominator (V)	b (V) a (V)	
FixedDelay	TransportDelay	Nonlinear.FixedDelay	u	y	delay	DelayTime InitialOutput=0	delayTime	不同
VariableDelay	Variable Transport Delay	Nonlinear.VariableDelay	u delayTime	y	delayMax	MaximumDelay InitialOutput = 0 VariableDelayType = Variable time delay ZeroDelay = on	delayMax	不同

11.3.2.3　离散组件

离散组件如表 11.2 所列。

11.3.2.4　非线性组件

非线性组件如表 11.3 所列。

11.3.2.5　数学组件

数学组件如表 11.4 所列。

11.3.2.6　源与汇（Sources and sinks）

源与汇如表 11.5 所列。

11.3.2.7　路由组件

在组件端口（输入和输出）上由 PhSVariable（信号流）类型化的流特性，不等于 1 的多重性显示在方括号之间。这些流特性具有多维元素 MultidimensionalElement，其维度等于流特性的多重性（见 11.5.2.4 小节）。多重性为 2、3、4、5、6 的输入，分别由 RealVectorSignal2inElement、RealVectorSignal3inElement、RealVectorSignal4inElement、RealVectorSignal5inElement、RealVectorSignal6inElement 类型化。多重性为 2、3、4、5、6 的输出分别由 RealVectorSignal2OutElement、RealVectorSignal3OutElement、RealVectorSignal4OutElement、RealVectorSignal5OutElement、RealVectorSignal6OutElement 类型化。路由组件如表 11.6 所列。

11.3.3　逻辑组件

本节中在组件端口（输入和输出）以及平台参数列中指定的仿真平台数据都是布尔类型，除非标记为 R（real）。逻辑组件如表 11.7 所列。

11.3.4　电气组件

本节中的块用于电气组件之间的物理交互，有些部件包括电量的信号流，电气组件表如 11.8 所列。这些列与 11.3.2 小节和 11.3.3 小节中的列相同，但以下内容除外：

- 应用于每行定义的块的基类的 SimulinkBlock 和 ModelicaBlock 构造型的名称特性的值，由通过为 SimulinkBlocks 预置的“foundation.electrical.”和为 ModelicaBlocks 预备的“Modelica.Electrical.Analog.”的列生成。该表中的仿真块是 Simscape 库元素（Simulink 库元素的扩展，见 10.1 节）；
- 组件端口仅有一个列，因为它们大多是双向的，由 FlowingChargeElement 类型化（见 11.2.2 小节）。一些组件有额外的单向端口，由图 11.3 中定义的信号元素类型化。组件端口列中的每一行都给出了端口的名称。Simulink 端口和 Modelica 端口列的对应行给出了各自平台上的端口名称。当平台上的名称不同时，组件端口被 SimulinkPort 和（或）ModelicaPort（SimulinkPort 用于该表的 Simscape 端口）类型化。在本例中，平台名称作为相应的 SimulinkPort 和（或）ModelicaPort 构造型的名称特性的值。

表 11.2　离散组件表

Component 块	Simulink 块	Modelica 块	组件端口（输入）	组件端口（输出）	PhSConstants	Simulink 参数	Modelica 参数	平台行为
StateSpace	DiscreteState Space	Discrete.StateSpace	u (V)	y (V)	A (M) B (M) C (M)	A (M) B (M) C (M)	A (M) B (M) C (M)	相同
TransferFunction	Discrete TransferFcn	Discrete.TransferFunction	u	y	numerator (V) denominator (V)	Numerator (V) Denominator (V)	b (V) a (V)	相同
UnitDelay	UnitDelay	Discrete.UnitDelay	u	y	initialCondition	InitialCondition	y_start	相同

表 11.3　非线性组件表

Component 块	Simulink 块	Modelica 块	组件端口（输入）	组件端口（输出）	PhSConstants	Simulink 参数	Modelica 参数	平台行为
Saturation	Saturate	Nonlinear.Limiter	u	y	upper lower	UpperLimit LowerLimit	uMax uMin	相同（最小 AND 最大强制的）
Dynamic Saturation	Reference	Nonlinear.VariableLimiter	limit1 u limit2	y		SourceBlock= simulink/Discontinuities/ Saturation Dynamic SourceType = Saturation		相同
DeadZone	DeadZone	Nonlinear.DeadZone	u	y	lower upper	LowerValue UpperValue	uMin uMax	相同
RateLimiter	RateLimiter	Nonlinear.SlewRateLimiter	u	y	rising falling	RisingSlewLimit FallingSlewLimit	Rising Falling	不同

表 11.4　数学组件表

Component 块	Simulink 块	Modelica 块	组件端口（输入）	组件端口（输出）	PhSConstants	Simulink 参数	Modelica 参数	平台行为
Gain	Gain	Math.Gain	u	y	gain	Gain	k	相同
Product	Product	Math.Product	u1	y		Inputs=**		相同
Division	Product	Math.Division	u1	y		Inputs=*/		相同
Addition	Sum	Math.Add	u1	y		Inputs=++		相同
Subtraction	Sum	Math.Add	u1	y		Inputs=+−		相同
Abs	Abs	Math.Abs	u	y				相同
Exp	Math	Math.Exp	u	y		Operator = exp		相同
Log	Math	Math.Log	u	y		Operator = log		相同
Log10	Math	Math.Log10	u	y		Operator = log10		相同
Sign	Signum	Math.Sign	u	y				相同
Sqrt	Sqrt	Math.Sqrt	u	y				相同
Sin	Trigonometry	Math.Sin	u	y		Operator = sin		相同
Cos	Trigonometry	Math.Cos	u	y		Operator = cos		相同
Tan	Trigonometry	Math.Tan	u	y		Operator = tan		相同
Asin	Trigonometry	Math.Asin	u	y		Operator = asin		相同
Acos	Trigonometry	Math.Acos	u	y		Operator = acos		相同
Atan	Trigonometry	Math.Atan	u	y		Operator = atan		相同
Atan2	Trigonometry	Math.Atan2	u1	y		Operator = atan2		相同

续表 11.4

Component 块	Simulink 块	Modelica 块	组件端口（输入）	组件端口（输出）	PhSConstants	Simulink 参数	Modelica 参数	平台行为
Sinh	Trigonometry	Math.Sinh	u	y		Operator = sinh		相同
Cosh	Trigonometry	Math.Cosh	u	y		Operator = cosh		相同
Tanh	Trigonometry	Math.Tanh	u	y		Operator = tanh		相同

表 11.5　源与汇总表

Component 块	Simulink 块	Modelica 块	组件端口（输入）	组件端口（输出）	PhSConstants	Simulink 参数	Modelica 参数	平台行为
Constant	Constant	Sources.Constant		y	k	Value	k	相同
SineWave	Sin	Sources.Sine		y	amplitude offset frequency phase	Amplitude Bias Frequency Phase	amplitude offset freqHz phase	相同
Clock	Clock	Sources.Clock		y				相同
Pulse	DiscretePulse Generator	Sources.Pulse		y	amplitude period width	Amplitude Period PulseWidth PhaseDelay	amplitude period width	相同
Step	Step	Sources.Step		y	startTime after	Time After Before=0	startTime height	相同
RealScope	Scope	Interaction.Show. RealValue	numberPort					
BooleanScope	Scope	Interaction.Show. BooleanValue	activePort					

表 11.6　路由组件表

Component 块	Simulink 块	Modelica 块	组件端口（输入）	组件端口（输出）	PhSConstants	Simulink 参数	Modelica 参数	平台行为
Mux2	Mux	Routing.Multiplex2	u1 u2	y [2]		Inputs=2		相同
Mux3	Mux	Routing.Multiplex3	u1 u2	y [3]		Inputs=3		相同
Mux4	Mux	Routing.Multiplex4	u1 u2 u3	y [4]		Inputs=4		相同
Mux5	Mux	Routing.Multiplex5	u1 u2 u3	y [5]		Inputs=5		相同
Mux6	Mux	Routing.Multiplex6	u1 u2 u3 u4	y [6]		Inputs=6		相同
Demux2	Demux	Routing.DeMultiplex2	u [2]	y1 y2		Outputs=2		相同
Demux3	Demux	Routing.DeMultiplex3	u [3]	y1 y2		Outputs=3		相同
Demux4	Demux	Routing.DeMultiplex4	u [4]	y1 y2 y3		Outputs=4		相同

续表 11.6

Component 块	Simulink 块	Modelica 块	组件端口（输入）	组件端口（输出）	PhSConstants	Simulink 参数	Modelica 参数	平台行为
Demux5	Demux	Routing.DeMultiplex5	u [5]	y1 y2 y3 y4		Outputs=5		相同
Demux6	Demux	Routing.DeMultiplex6	u [6]	y1 y2 y3 y4		Outputs=6		相同
Switch			u1 u2 u3	y		Criteria = u2~=0 Threshold=0		相同

表 11.7　逻辑组件表

Component 块	Simulink 块	Modelica 块	组件端口（输入）	组件端口（输出）	PhSConstants	Simulink 参数	Modelica 参数	平台行为
AND	Logic	Logical.And	u1 u2	y		Operator = AND Inputs = 2		相同
OR	Logic	Logical.Or	u1 u2	y		Operator = OR Inputs = 2		相同
NAND	Logic	Logical.Nand	u1 u2	y		Operator = NAND Inputs = 2		相同

续表 11.7

Component 块	Simulink 块	Modelica 块	组件端口（输入）	组件端口（输出）	PhSConstants	Simulink 参数	Modelica 参数	平台行为
NOR	Logic	Logical.Nor	u1 u2	y		Operator = NOR Inputs = 2		相同
XOR	Logic	Logical.Xor	u1 u2	y		Operator = XOR Inputs = 2		相同
NOT	Logic	Logical.Not	u	y		Operator = NOT Inputs = 1		相同
Less	RelationalOperator	Logical.Less	u1（R）	y		Operator = <		相同
LessEqual	RelationalOperator	Logical.LessEqual	u1（R） u2（R）	y		Operator = < =		相同
Greater	RelationalOperator	Logical.Greater	u1（R） u2（R）	y		Operator = >		相同
GreaterEqual	RelationalOperator	Logical. GreaterEqual	u1（R） u2（R）	y		Operator = >=		相同
LessThreshold	Compare To Constant	Logical.LessThreshold	u（R） u2（R）	y	threshold（R）	Const Relop = <	threshold	相同
LessEqual Threshold	Compare To Constant	Logical.LessEqual Threshold	u（R）	y	threshold（R）	Const relop =	threshold	相同
GreaterThreshold	Compare To Constant	Logical.GreaterThreshold	u（R）	y	threshold（R）	const relop = >	threshold	相同
GreaterEqual Threshold	Compare To Constant	Logical. GreaterEqual Threshold	u（R）	y	threshold（R）	Const relop =	threshold	相同

表 11.8　电气组件表

Component 块	Simulink 块	Modelica 块	组件端口	Simulink 端口	Modelica 端口	PhSConstants	Simulink 参数	Modelica 参数	平台行为
Ground	elements.reference	Basic.Ground	p	V	p				
Capacitor	elements.capacitor	Basic.Capacitor	p n	p n	p n	c：Capacitance	c r=0 g=0	C	相同
Diode	elements.pwl_diode	Ideal.IdealDiode	p n	p n	p n	ron：Resistance goff：Conductance vforward：Voltage	Ron Goff Vf	Ron Goff Vknee	
Ideal Transformer	elements.ideal_transformer	Ideal.IdealTransformer	p1 n1 p2 n2	p1 n1 p2 n2	p1 n1 p2 n2	n：Real	n	n	相同
Inductor	elements.inductor	Basic.Inductor	p n	p n	p n	l：Inductance	l r=0 g=0	L	相同
Infinite Resistance	elements.infinite_resistance	Ideal.Idle	P n	p n	p n				相同
OpAmp	elements.op_amp	Ideal.IdealOpAmp3Pin	P n out	P n out	In_p in_n out				相同
Resistor	elements.resistor	Basic.Resistor	p n	p n	p n	r：Resistance	R	R	相同
Variable Resistor	elements.variable_resistor	Basic.VariableResistor	p n r : Resistance SignalInElement	p n R	p n R				相同

续表 11.8

Component 块	Simulink 块	Modelica 块	组件端口	Simulink 端口	Modelica 端口	PhSConstants	Simulink 参数	Modelica 参数	平台行为
CurrentSensor	sensors.current	Sensors.CurrentSensor	p n i : Current SignalOutElement	p n I	p n i				相同
VoltageSensor	sensors.voltage	Sensors.VoltageSensor	p n v : Voltage SignalOutElement	p n vt	p n v				相同
SignalCurrent	sources.controlled_current	Sources.SignalCurrent	p n i : Current SignalInElement	p n iT	p n i				相同
SignalVoltage	sources.controlled_voltage	Sources.SignalVoltage	p n v : Voltage SignalInElement	p n vT	p n v				相同
DCCurrent	sources.dc_current	Sources.ConstantCurrent	p n	p n	p n	i : Current	i0	I	相同
DCVoltage	sources.dc_voltage	Sources.ConstantVoltage	p n	p n	p n	v : Voltage	v0	V	相同
ACCurrent	sources.ac_current	Sources.SineCurrent	p n	p n	p n	amp : Current phase : Real freq : Frequency	amp shift frequency	I phase freqHz	相同
ACVoltage	sources.ac_voltage	Sources.SineVoltage	p n	p n	p n	amp : Voltage phase : Real freq : Frequency	amp shift frequency	V phase freqHz	相同

图 11.3 和图 11.4 给出用于电气建模，且具有单位的附加信号元素和值类型（见图 11.1 和图 11.5）。

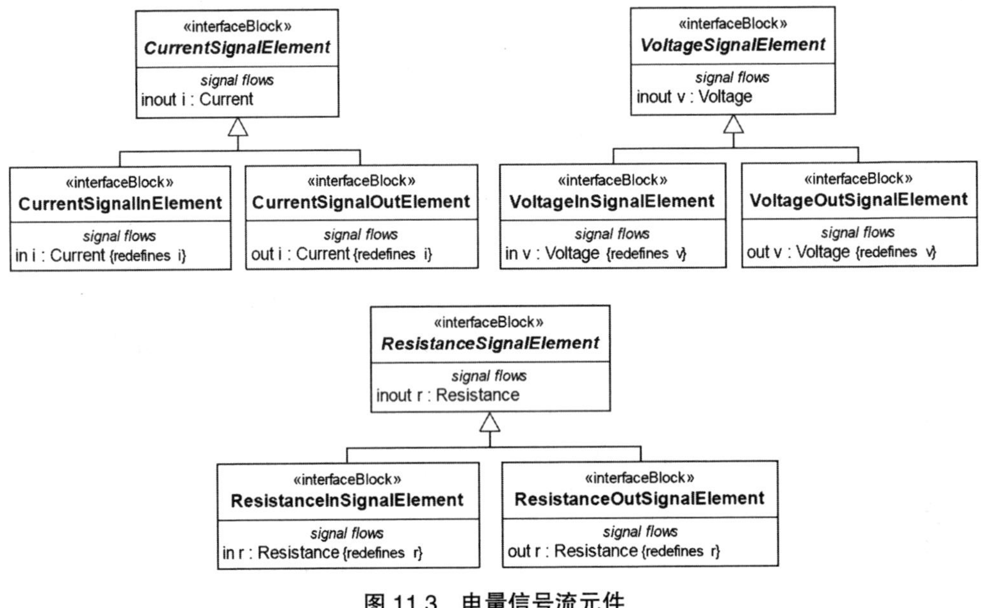

图 11.3　电量信号流元件

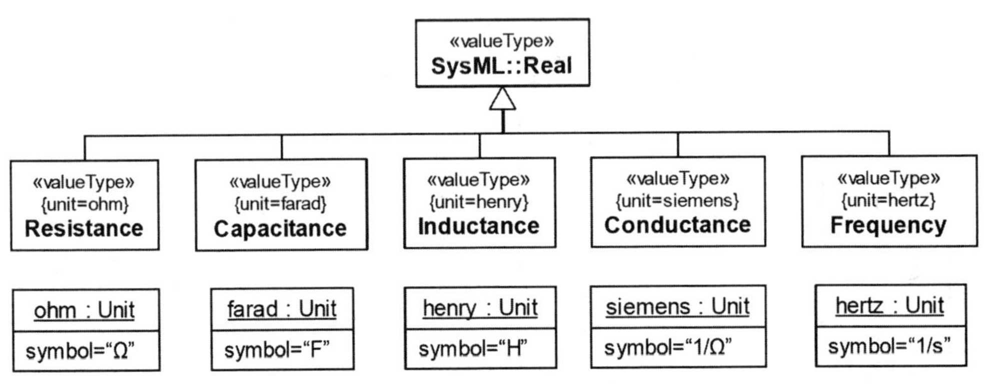

图 11.4　电气量的值类型和单位

11.4　具有单位的值类型

本节定义具有单位的物理量的值类型。有关附加的值类型，见 11.3.4 小节。

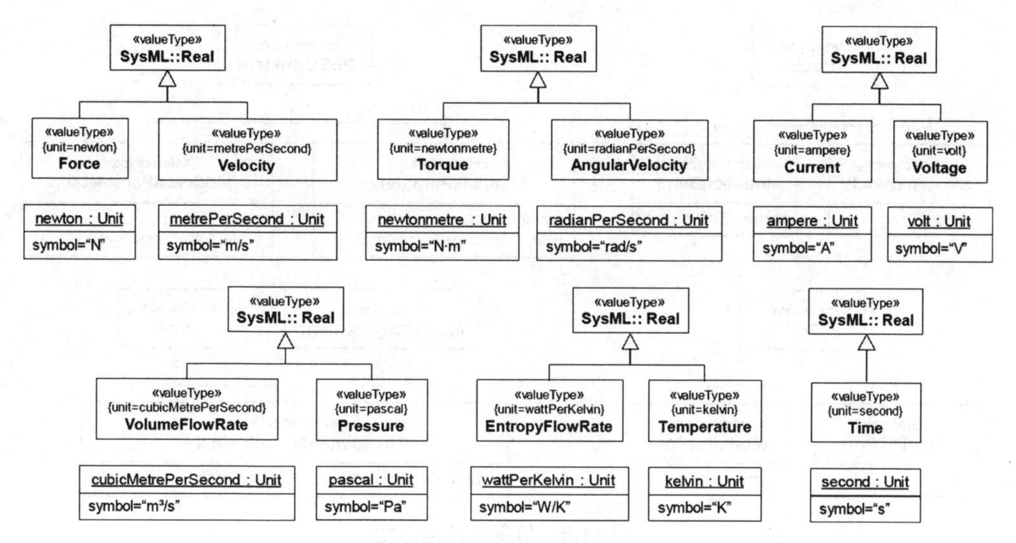

图 11.5　物理量的值类型和单位

11.5　平台相关的扩展

11.5.1　介绍

本节定义了在 11.3 节中平台无关的组件库所使用的 SysML 扩展，且平台无关的组件库。为简洁起见，将 Simulink 库视为包含其扩展的库。

11.5.2　平台扩展集（Platform profile）

本节定义在 11.3 节中适用于其块的基类和特性（包括端口）的构造型（图 17.6），以指定 Modelica 和 Simulink 的库元素与它们的对应关系。

11.5.2.1　ModelicaBlock

Package（包）：SysPhSLibrary。

isAbstract（是否抽象）：No。

Generalization（泛化）：Block。

属性

- name：String，Modelica 库中对应于平台无关组件块的组件的全限定名称。

描述

ModelicaBlock 类型化的构造型类与 Modelica 库中元素等价。name 属性的值给出 Modelica 库中相应组件的全限定名。

11.5.2.2　ModelicaParameter

Package（包）：SysPhSLibrary。

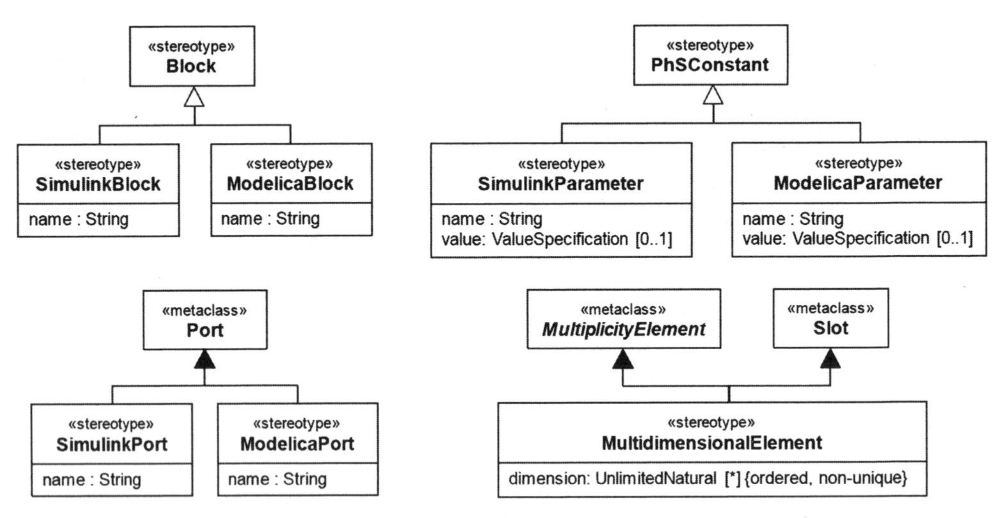

图 11.6　仿真平台构造型

isAbstract（是否抽象）：No。

Extended Metaclass（扩展的元模型）：Port。

属性

- name：String，Modelica 库中对应于平台无关组件块的端口的名称。

描述

ModelicaPort 所类型化的端口与 Modelica 库中的元素等价。name 属性的值给出 Modelica 库中相应端口的名称。

约束

构造型端口必须属于 ModelicaBlock 所类型化的类。

11.5.2.3　ModelicaPort

Package（包）：SysPhSLibrary。

isAbstract（是否抽象）：No。

Extended Metaclass（扩展的元模型）：Port。

属性

name：String，Modelica 库中对应于平台无关组件块的端口的名称。

描述

ModelicaPort 所类型化的端口与 Modelica 库中的元素等价。name 属性的值给出 Modelica 库中相应端口的名称。

约束

构造型端口必须属于 ModelicaBlock 所类型化的类。

11.5.2.4　MultidimensionalElement

Package（包）：SysPhSLibrary。

isAbstract（是否抽象）：No。

Extended Metaclass（扩展的元模型）：MultiplicityElement，Slot。

属性

- dimension：UnlimitedNatural [*] {ordered，non-unique}，多重元素的维数或 slot。

描述

由 MultidimensionalElement 类型化的 slot 的值可以组成一个数组，该数组中包含（可能是多个）由应用的构造型指定的维数。通过从应用的标注的维度列表中，从最后一个数字到第二个数字，创建相应长度的列表，可以组合出这些值。最后一个维数结果是多重元素或 slot 值的列表，而前一个维数的结果是这些列表的列表依此类推，直到第二个维数。

约束

[1] 由 MultidimensionalElement 类型化的多重元素必须有序且非唯一。

[2] 当这个构造型应用到一个多重性元素时，维度要么都是无限的，要么都是正整数。

[3] 当这个构造型被应用到一个多重元素并且维度都是无限的时候，多重性元素的下限必须是 0，多重性元素的上限必须是无限。

[4] 当这个构造型被应用到一个多重性元素并且维度都是正整数时，多重性元素的下限和上限必须等于所有维度的乘积。

[5] 当这个构造型被应用到 slot 时，维数必须全部是正整数，slot 的值必须等于所有维的乘积。

[6] 多维元素定形的槽必须具有多维元素定形的定义特征。

[7] 应用于 slot 的 MultidimensionalElement 的维数必须与应用于 slot 定义特性的 MultidimensionalElement 的维数相同。

[8] 一个 slot 必须被 MultidimensionalElement 类型化，仅有当它的定义特征被 MultidimensionalElement 类型化时，所有的维数都是无限的。

11.5.2.5　SimulinkBlock

Package（包）：SysPhSLibrary。

isAbstract（是否抽象）：No。

Generalization（泛化）：Block 特性。

属性

- name：String　Simulink 库对应于平台无关的组件块的块类型 。

描述

被定型为 SimulinkBlock 类型化的类在 Simulink 及其扩展库中有对应的实体。name 属性的值给出 Simulink 库及其扩展中相应组件的名称。

11.5.2.6　SimulinkParameter

Package（包）：SysPhSLibrary。

isAbstract（是否抽象）：No。

Generalization（泛化）：PhSConstant。

属性

- name：String　Simulink 库中与平台无关组件块的参数对应的参数的名称。
- value：ValueSpecification [0..1] Simulink 库参数的值。

描述

由 SimulinkParameter 类型化的特性具有库组件的等效参数。name 属性的值是 Simulink 库中对应参数的名称，而“value”属性给出该参数的值。如果 value 属性为空，则必须使用构造型特性的初始值给出参数的值。

约束

[1] 构造型特性必须属于由 SimulinkBlock 块所类型化的类。

11.5.2.7　SimulinkPort

Package（包）：SysPhSLibrary。

isAbstract（是否抽象）：No。

Extended Metaclass（扩展的元模型）：Port。

属性

- name：String　Simulink 库中对应于平台无关组件块的端口的名称。

描述

被定型为 SimulinkPort 类型化的端口在 Simulink 库中有对应的实体。name 属性的值给出了 Simulink 或其扩展库中相对应组件的名称。

约束

[1] 定型端口必须属于 SimulinkBlock 块所类型化的类。

11.5.3　平台库

本节定义在 11.3.2 小节中使用的接口块来指定矢量信号流（见 11.3.1 小节），如图 11.7 所示。

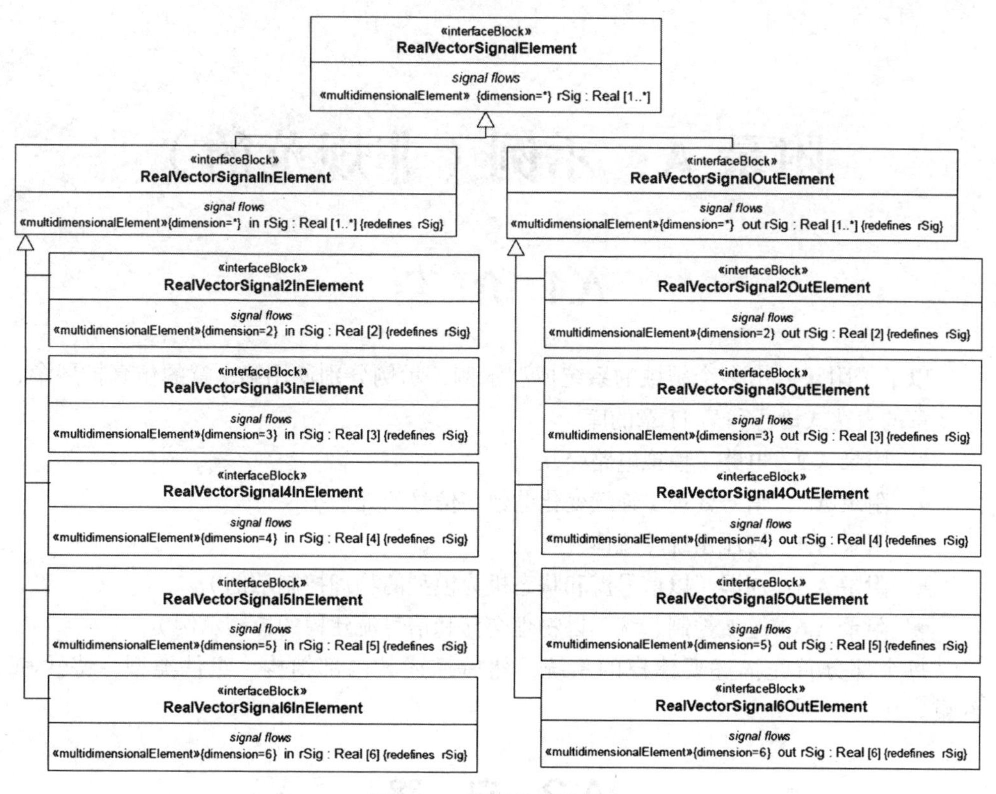

图 11.7　矢量信号流要素

附录 A：示例（非规范的）

A.1 介 绍

以下子附录给出多个领域的系统模型示例，示例分别使用第 7 章的仿真扩展集、第 8 章的表达式语言和第 11 章的库。

- 附录 A.2：电路（模拟电路交互）。
- 附录 A.3：信号处理（连续变化的数字信号的处理）。
- 附录 A.4：液压系统（流体交互）。
- 附录 A.5：加湿（以信号流和状态机为模型的物理控制示例）。
- 附录 A.6：巡航控制系统（以物理交互和信号流建模的控制示例）。

每个部分首先描述要建模的系统，然后描述其内部结构、组件类型、特性和约束。

A.2 电 路

A.2.1 介绍

这个子附录给出一个电路模型，并作为物理交互（电流）的示例。该示例不包括任何信号流。

A.2.2 建模系统

电路共有六个部分：接地、电源、电感、电容和两个电阻，见图 A.1。

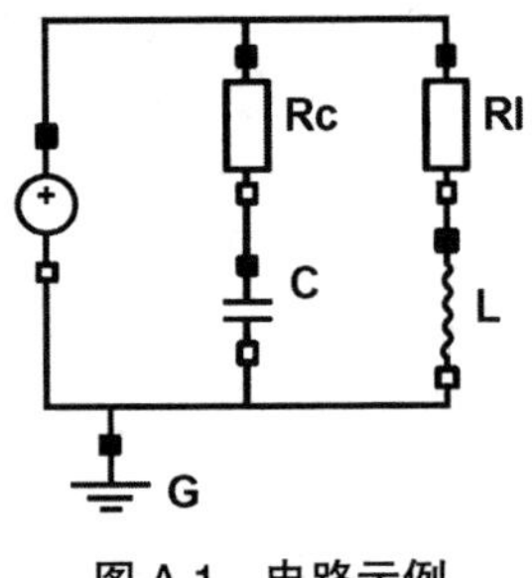

图 A.1 电路示例

A.2.3 内部结构

图 A.2 表明电路块的内部结构。其构件特性由附录 A.2.4 中定义的块类型表示系统的组件。它们通过代表电气引脚的端口连接，其也在附录 A.2.4 中定义。连接器上的流动项表示电（电荷），通过端口并在各构件之间流动。这个图中首先将电阻、电容串联，电阻、电感串联，然后再和电压源三者并联。

SysML 初始值指定为内部块图中使用的组件特性值。图 A.2 显示了电阻、电容、电感和电源幅值的初始值（在附录 A.2.4 中定义的特性）。指定电路块中构件特性的初始值的另一种方法是将其特化，并重新定义各种配置的默认值的构件特性（见附录 A.5.9）。

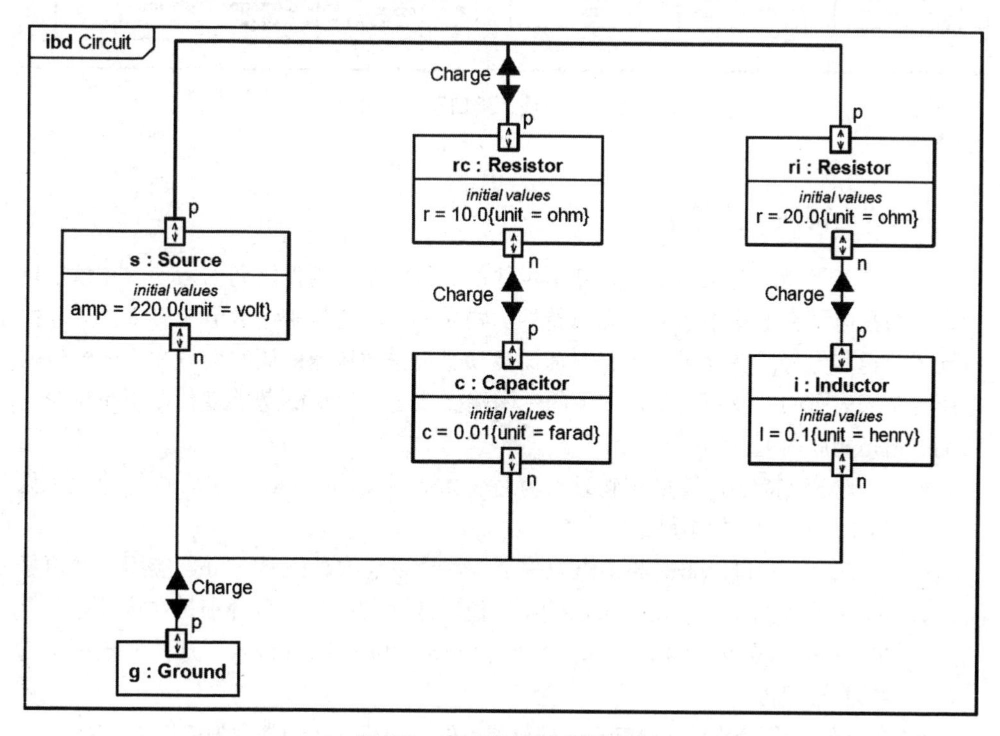

图 A.2 电路实例的内部结构

A.2.4 块和端口

图 A.3 表明图中电路组件的块定义。电源、电感、电容和电阻每个都有一个正极和一个负极，用于电荷通过。由于它们在这个意义上是相似的，因此定义了名为 TwoPinElectricalComponent 的通用组件，正极（p）和负极（n）作为端口。接地仅有一个正极。所有端口都来自物理交互库（见 11.2.2 小节）中的 ChargeFlowElement 类型。每个组件都具有其自身的行为，行为定义为 A.2.6 中的约束。图 A.3 中的一些电气值类型来自电气组件库（见 11.3.4 小节），一些组件也可从该库得以重用。

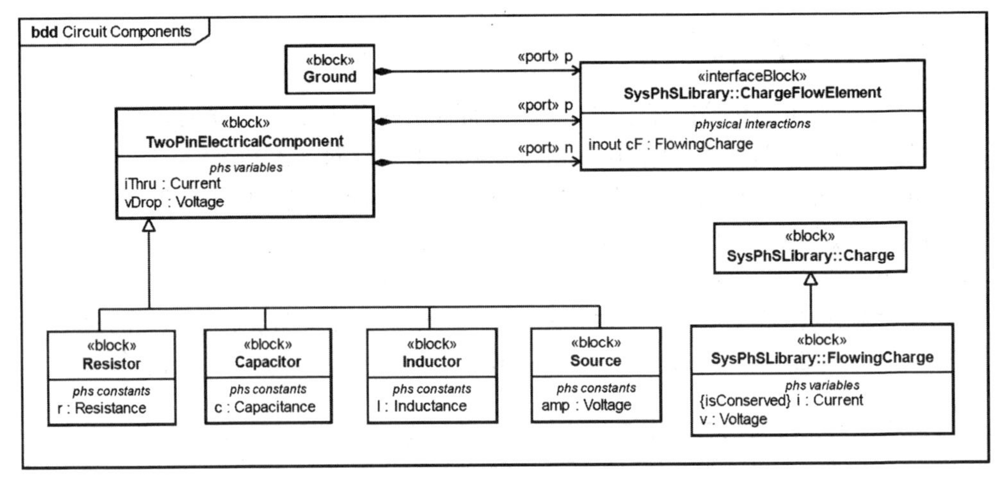

图 A.3　电路块、端口和组件特性

A.2.5　特性（变量）

物理交互是物理对象根据物理守恒定律所进行的系统组件之间的运动。在该示例中，电荷是电子在电路中运动的守恒特性。物质的运动通过采用数值变量来描述守恒特性的流速和电势。在此示例中，电荷的运动是由描述流速的流率变量和描述电位的电压变量来表示的。流率变量是守恒的（两端交互之和为 0），势能变量则不是（交互两端的值是相同的）。这分为三个部分：

- 物理守恒特性直接采用物理交互库 ConservedQuantityKind 中块进行建模（见 11.2.2 小节），如本例中的电荷。
- 流变量使用 PhSVariable，作为一个特性予以建模，PhSVariable 应用在守恒量 block 的实例化上。在这个示例中，流动速率和电位变量分别是在流动电荷上的 i 和 v（i 标记为守恒量），分别由 Current 和 Voltage 输入，这些变量都来自物理交互库。
- 组件的进出流是通过端口 port 进行建模的，端口 port 的类型为接口块（interface block），具有流守恒特性的流特性。在这个实例中，示例中端口的类型为物理交互库中的 ChargeFlowElement，具有流特性 cF，类型为 FlowingCharge，如图 A.3 所示。

在该示例中，将电气组件的行为描述为在一个引脚和另一个引脚（通过组件）之间每单位时间内通过的电荷量，以及其正负引脚（穿越组件）之间的电位差，分别由 TwoPinElectricalComponent 上的两个特性 iThru 和 vDrop 给出，如图 A.3 所示。这两个特性类型分别为物理交互库（见 11.2.2 小节）中的电流 Current 和电压 Voltage，使用 PhSVariable 构造型并指定它们的值可能在仿真过程中发生变化。

电阻、电容、电感和电源分别具有 r、c、l 和 amp 特性，分别由 Resistance、

Capacitance、Inductance 和 Voltage 类型化，均是采用 PhSConstant 构造型，指定其值在每次仿真运行时都不会改变。

A.2.6 约束（方程）

方程定义数值与变量值之间的数学关系。SysML 中的方程是约束块中约束使用块的特性（参数）作为变量，在这个示例中，约束块 BinaryElectricalComponentConstraint 定义电阻、电感、电容和电源通用的参数和约束。图 A.4 指明跨组件的电压 v 等于正、负引脚的电压差，通过组件的电流 i 等于通过正引脚的电流。通过两个引脚的电流总和为零（两个引脚正负的符号相反），因为组件不能产生、销毁或存储电荷。电阻、电容和电感的约束分别指定电压 / 电流与电阻值、电容值和电感值的关系，电源约束定义电路的电源，接地约束指定接地引脚处的电压为零。电源约束将电压定义为正弦波，参数 amp 为幅值。

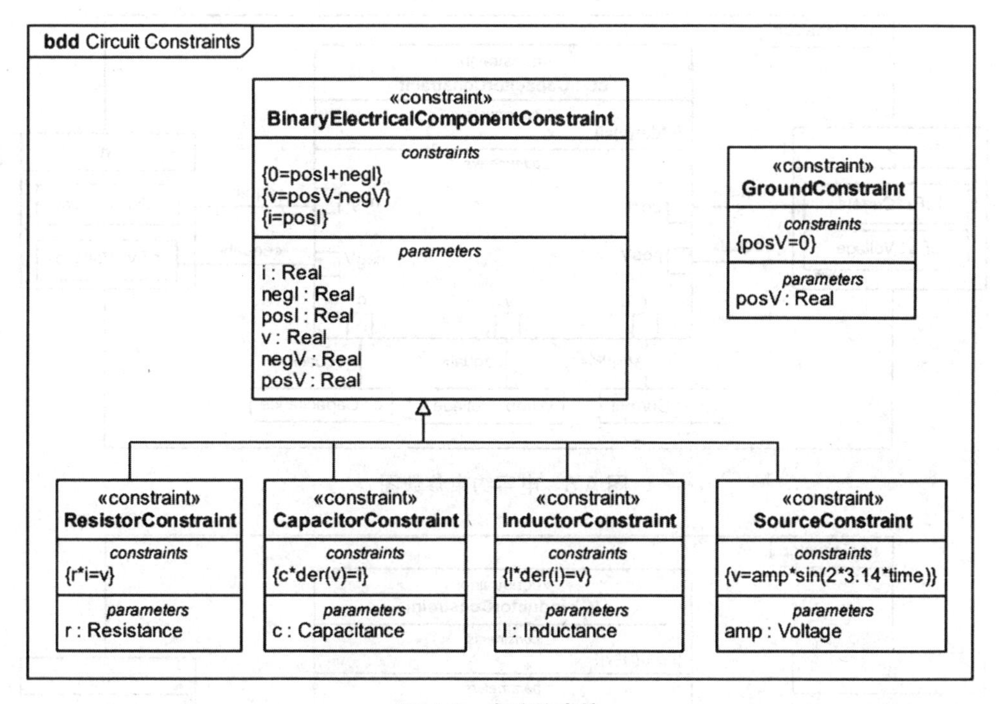

图 A.4 电路约束块

A.2.7 约束特性和绑定

在组件参数图中，约束块中的方程使用绑定连接器应用到组件上。组件参数图表明约束块类型的特性（约束特性）以及组件、端口、仿真变量和常数。绑定连接器将约束参数与仿真变量和常数链接，并指明其值必须是相同的。图 A.5 至图 A.9 分别表明电阻、电容、电感、电源以及接地的参数。

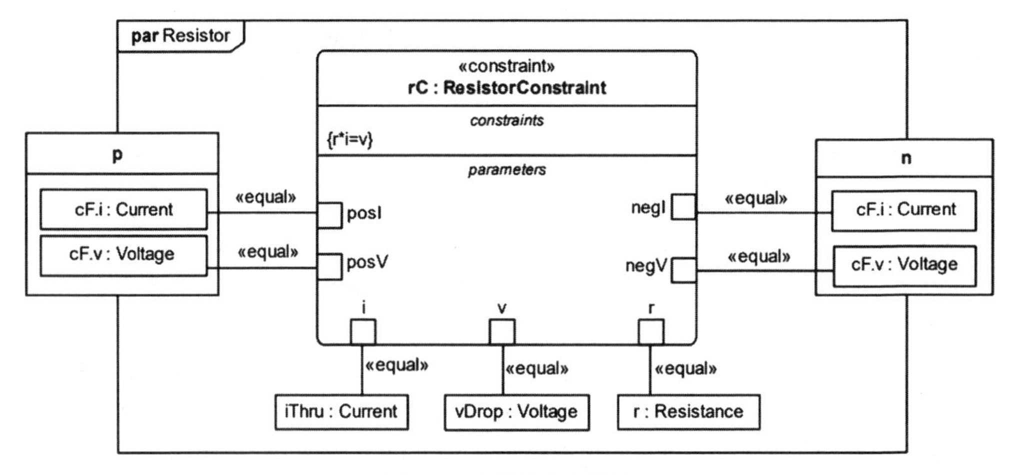

图 A.5 电阻约束参数图

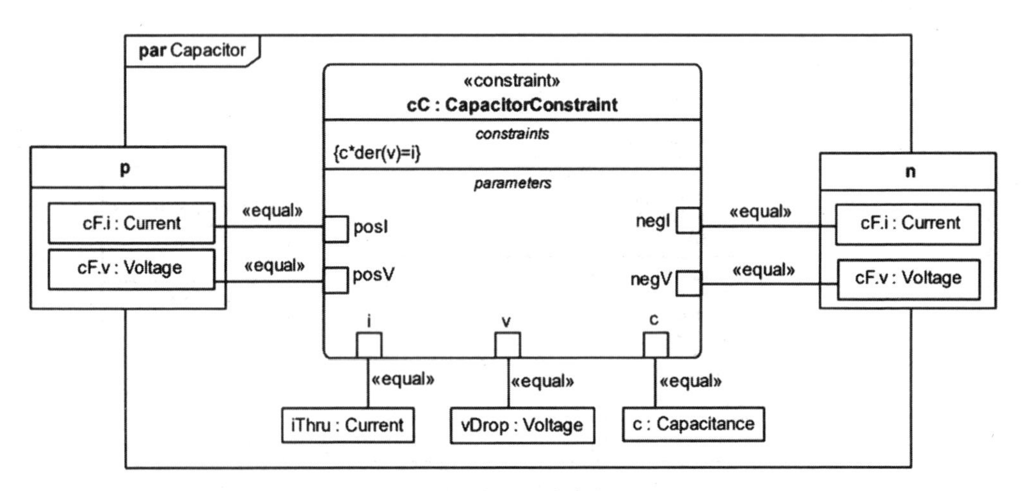

图 A.6 电容约束参数图

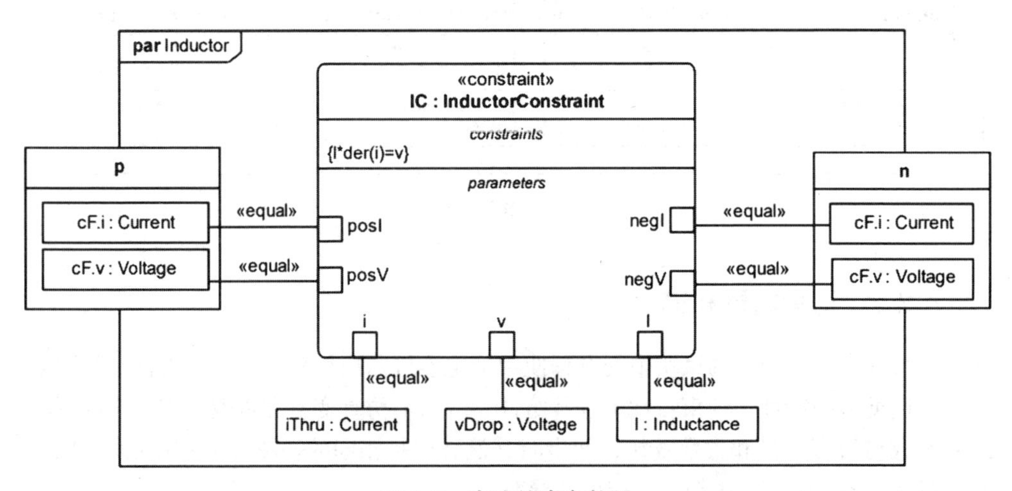

图 A.7 电感约束参数图

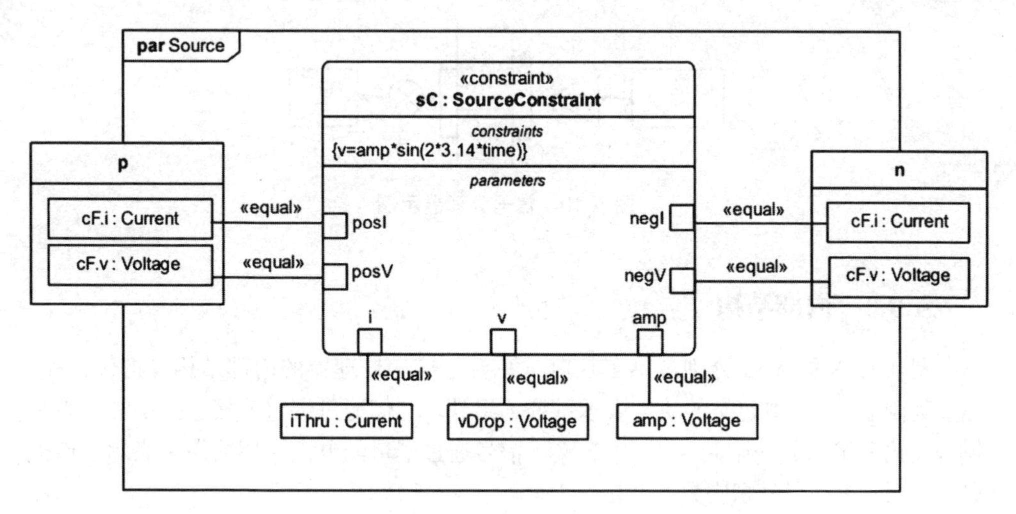

图 A.8　电源约束参数图

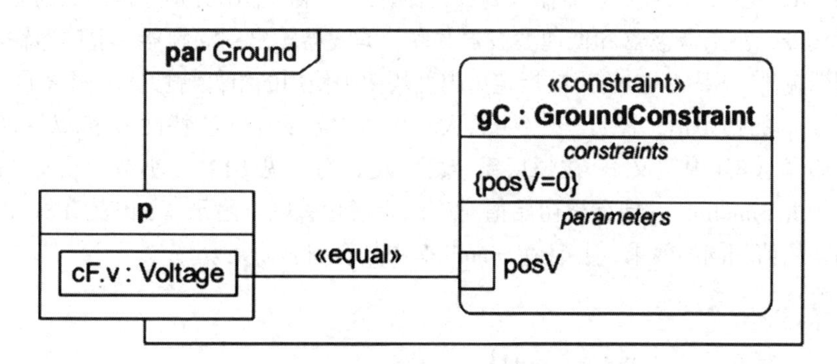

图 A.9　接地约束参数图

A.3　信号处理器

A.3.1　介绍

该附录给出一个处理正弦变量的模型，其可作为信号流的示例，但不包括任何物理交互作用。

A.3.2　系统建模

信号处理器及其测试平台具有波形发生器、放大器、高通滤波器、低通滤波器、混频器和信号接收器，如图 A.10 所示。

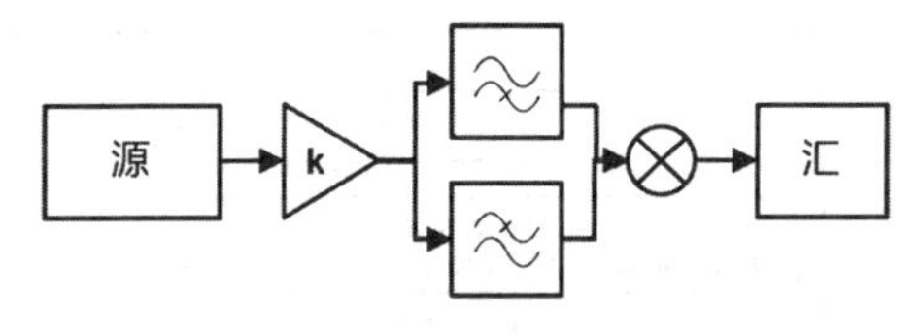

图 A.10　信号处理器示例

A.3.3　内部结构

图 A.11 和图 A.12 分别展示了块测试平台和信号处理器的内部结构。构件特性、类型为附录 A.3.4 中定义的块，表示系统的组件。它们通过端口连接，这些端口表示信号输出和输入，在附录 A.3.4 中定义。信号通过端口的方向采用箭头来表示。连接器上的项流表明信号是实数。

图 A.11 表示将信号源连接到信号处理器，信号处理器连接到显示输出的信号接收器。图 A.12 表示将信号处理器输入到放大器，放大器的输出分别连接到高通滤波器和低通滤波器，高通滤波器和低通滤波器并联，滤波器输出到混频器，混频器输出到信号处理器输出。SysML 初始值被指定为内部块图中使用的组件特性值。图 A.11 表明电源幅值 amp 的初始值，图 A.12 表明放大器信号增益 g 和滤波特性 *xi* 和 *alpha* 的初始值（在附录 A.3.4 中定义）。在顶层系统之下的部分（见 10.10.4 小节）没有 Simscape 模块，因此 Simulink 不具有与初始值对应的元素相关联。附录 A.5.9 表明 SysML 模型具有与初始值相同的效果，并且在 Simulink 中具有相应的元素。

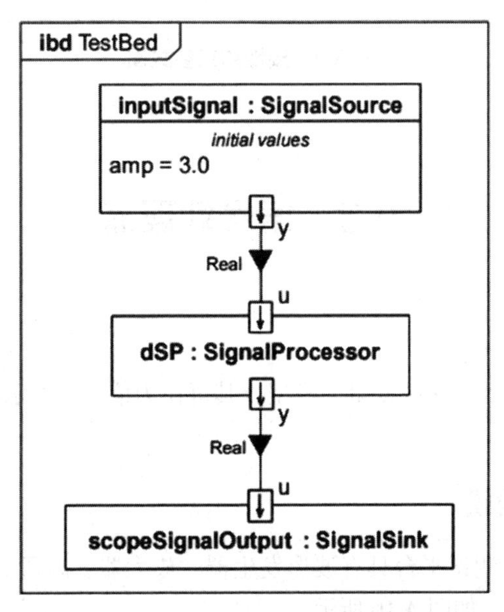

图 A.11　从信号源到接收器的测试平台内部结构

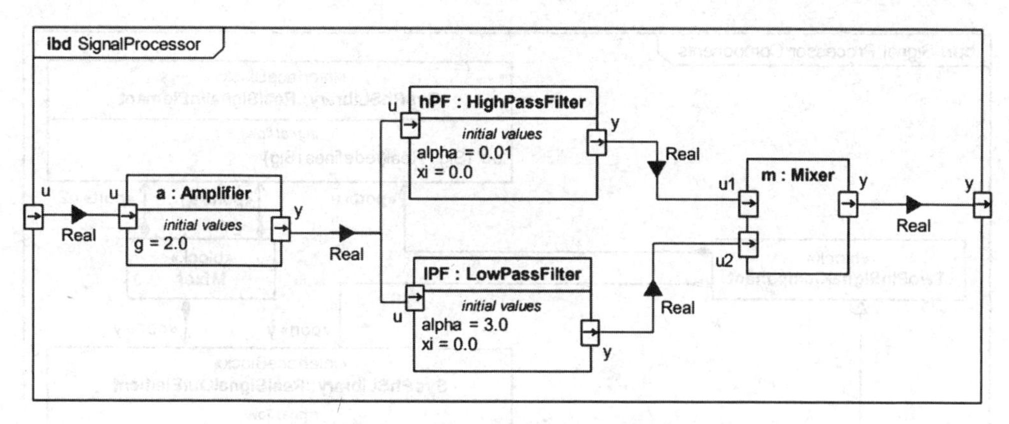

图 A.12　信号处理器的内部结构

A.3.4　块和端口

图 A.13 和图 A.14 分别展示了图 A.11 和图 A.12 中 TestBed 和 SignalProcessor 处理器组件的块定义。SignalSource 的输出名为 y，类型为信号流库中的 RealSignalOutElement（见 11.2.1 小节）。SignalSink 的输入名为 u，类型为 RealSignalInElemen，也来自库。信号处理器有一个输入和输出，可将信号从源转换并将其传送到接收器。

在图 A.14 中，放大器、低通滤波器和高通滤波器都有一个输入和一个输出，从这个意义上来说它们是相似的，所以一个广义的 TwoPinSignalComponent 有一个输入 u 和一个输出 y。混合器有输入 u1、u2 和输出 y。每种组件都有自己的行为，在附录 A.3.6 中定义为约束。或可使用 source 和 sink 组件库指定其中的一些组件（见 11.3.2.7 小节）。

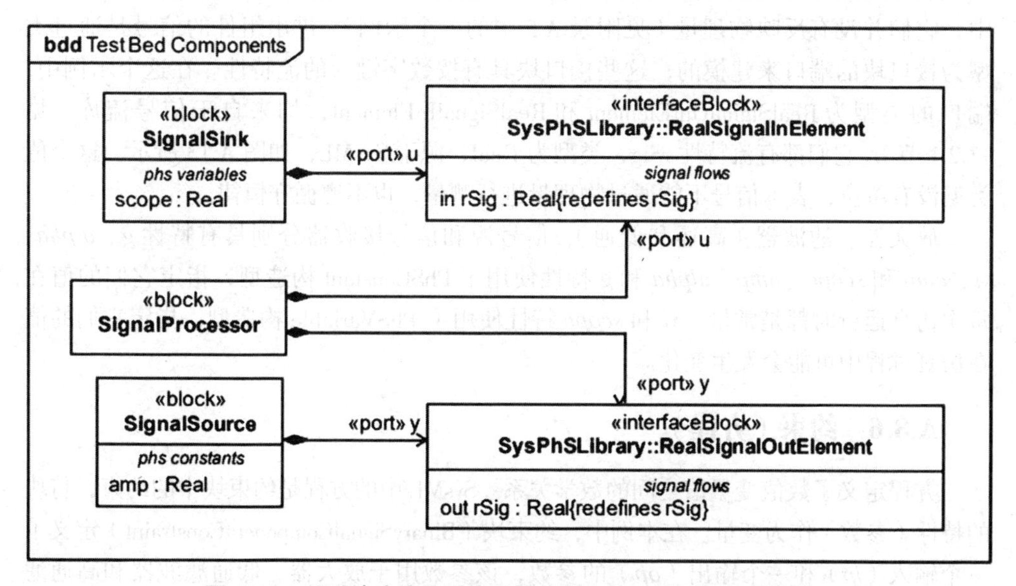

图 A.13　总系统（信号到信号接收器）块、端口和组件特性

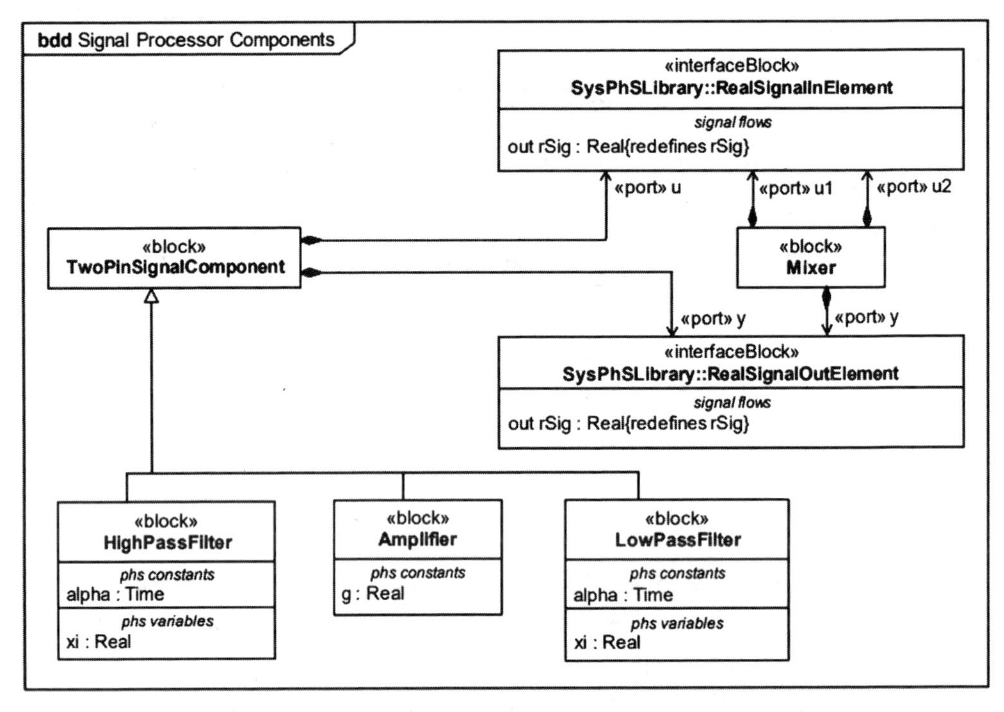

图 A.14　信号处理系统块，端口和组件特性

A.3.5　特性（变量）

信号流是指系统组件之间数字的移动，这些数字可能反映物理量。在这个示例中，它们并没有反映物理量（见附录 A.5 中的一个示例）。进出组件的信号是通过类型为接口块的端口来建模的，这些接口块具有按数字键入的流特性。在这个示例中，端口的类型为 RealSignalOutElement 和 RealSignalInElement，均来自于信号流库（见 11.2.1 节），它们都有流特性 rSig，类型为 Real，源于 SysML，如图 A.13 所示。这个值类型没有单位，表示信号不能通过物理量进行测量，也不遵循守恒律。

放大器、滤波器（高通和低通）、信号源和信号接收器分别具有特性 *g*、*alpha*、*xi*、*amp* 和 *scope*。*amp*、*alpha* 和 *g* 特性使用了 PhSConstant 构造型，指定它们的值在每次仿真运行时都是常量。*xi* 和 *scope* 特性使用了 PhSVariable 构造型，指定它们的值在仿真过程中可能会发生变化。

A.3.6　约束（方程）

方程定义了数值变量值之间的数学关系。SysML 中的方程是约束块中的约束，将块的特性（参数）作为变量。在本例中，约束块（BinarySignalComponentConstraint）定义了一个输入（*ip*）和一个输出（*op*）的参数，该参数用于放大器、低通滤波器和高通滤波器，如图 A.15 所示。放大器、低通滤波器和高通滤波器约束在信号通过时表明这些组件的输入输出关系。放大器通过因子 *gain* 改变信号强度，低通滤波器消除输入信号的高频分量，高通滤波器消除信号的低频分量。混频器约束表示它的一个输出与来自低通、高通滤波器的两个输入之间的关系。约束将输出定义为输入的平均值。源约束指定一个正弦波信号，参数 *amp* 作为其振幅。接收器约束表明信号处理器的输出信号。

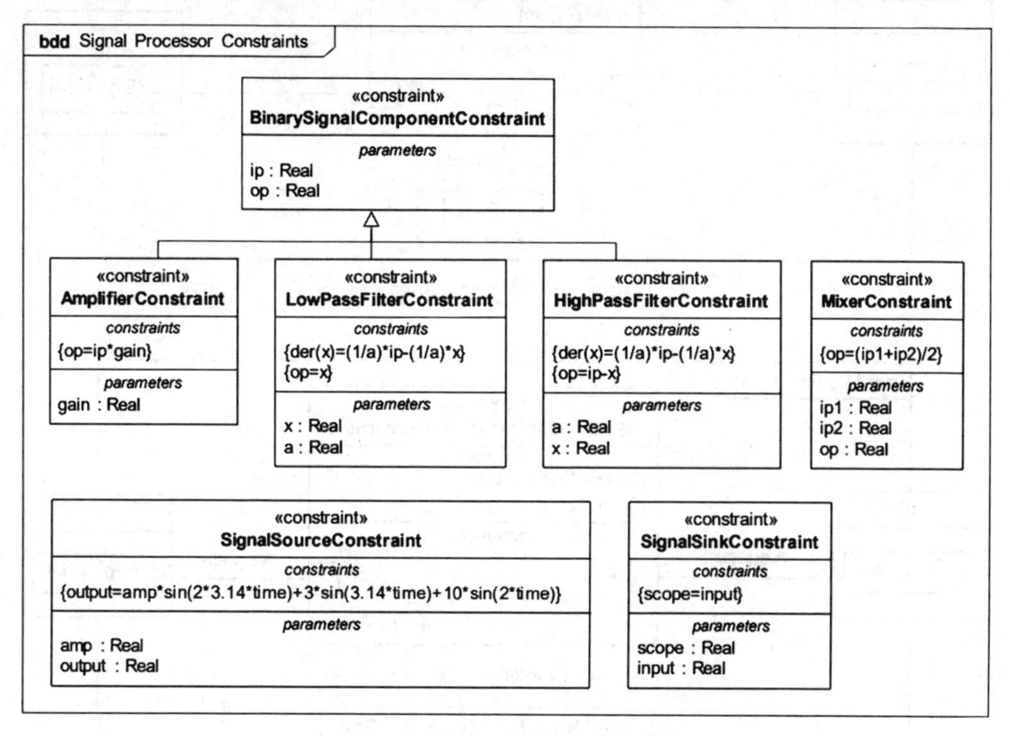

图 A.15　信号处理器系统约束模块

A.3.7　约束特性和绑定

约束块中的方程使用绑定连接器应用到组件参数图中的组件上。组件参数图表明类型为约束块（约束特性）的特性，以及组件和端口仿真变量和常数。绑定连接器将约束参数链接到仿真变量和常数，表明它们的值必须相同。图 A.16 至图 A.21 分别展示了电源、放大器、高通滤波器、低通滤波器、混频器以及接收器的参数。

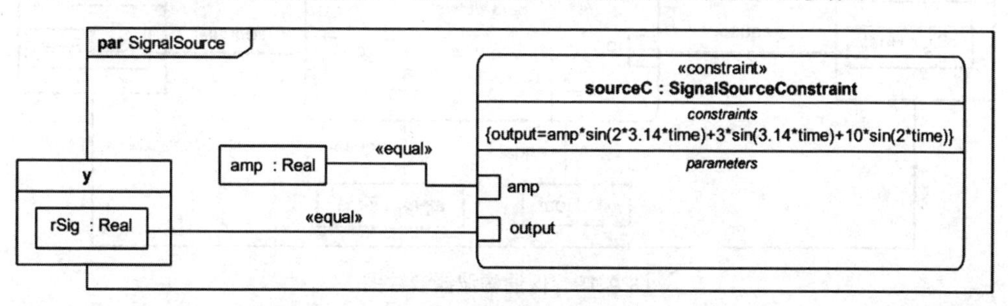

图 A.16　信号源参数图

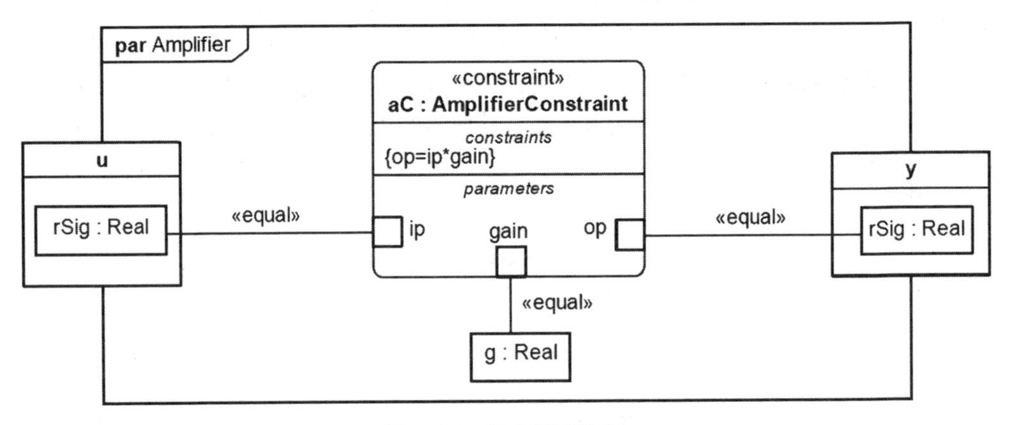

图 A.17　放大器参数图

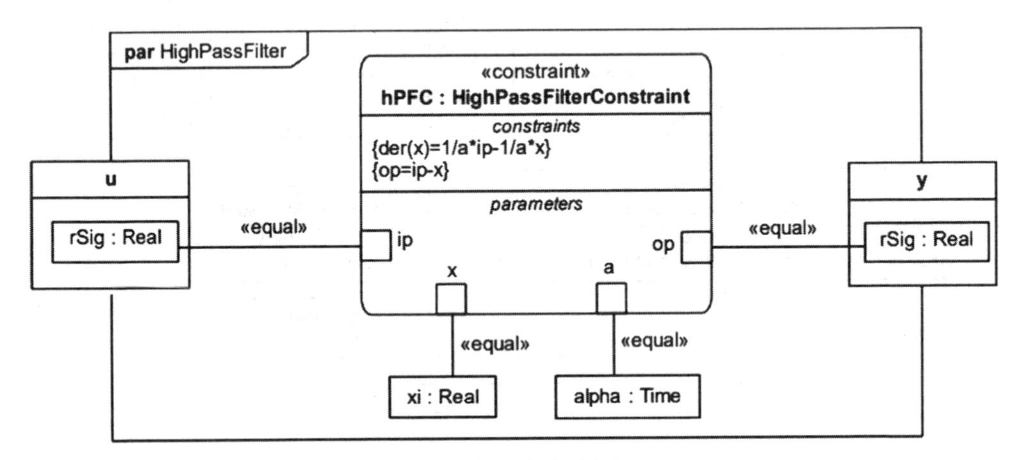

图 A.18　高通滤波器参数图

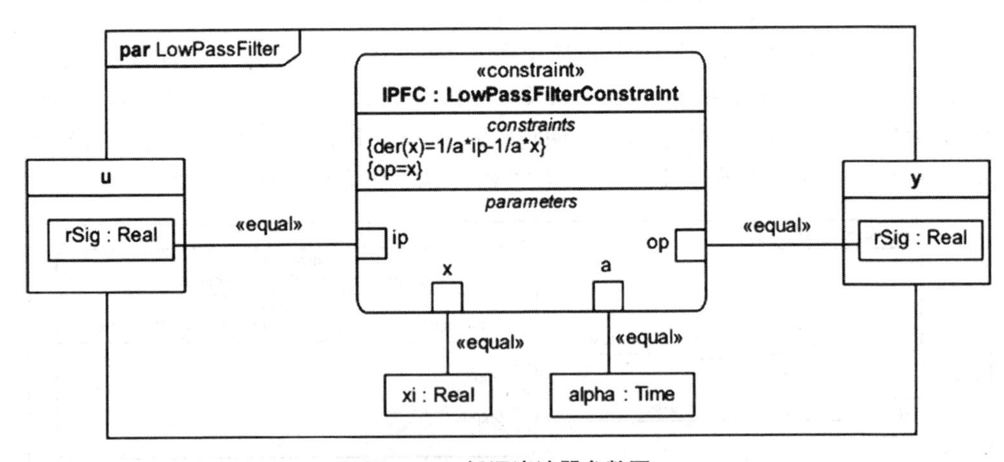

图 A.19　低通滤波器参数图

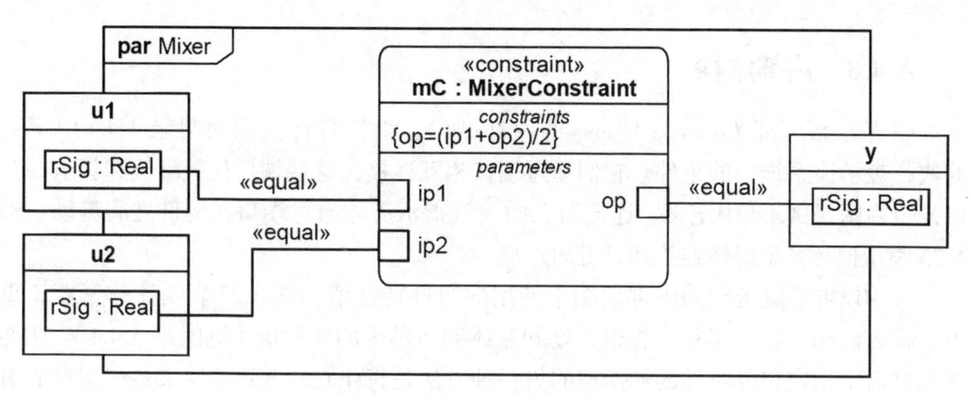

图 A.20　混频器约束参数图

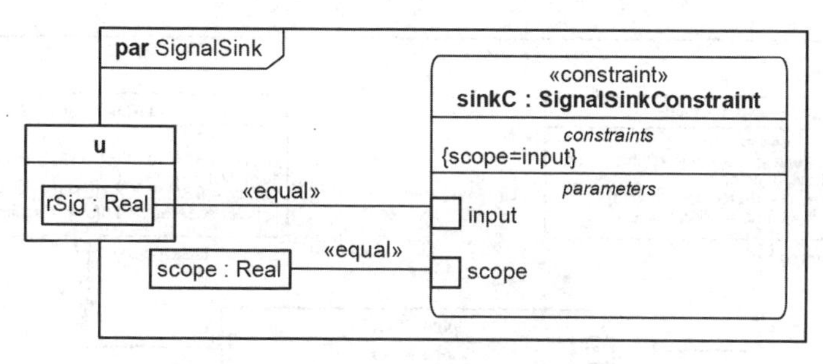

图 A.21　接收器参数图

A.4　液压系统

A.4.1　介绍

附录 A.4 给出了一个简单液压系统的模型，其可作为物理交互（流体流动）的示例但不包括任何信号流。

A.4.2　系统建模

液压系统有三个组件：两个流体储存罐和连接这些储存罐的管道，如图 A.22 所示。

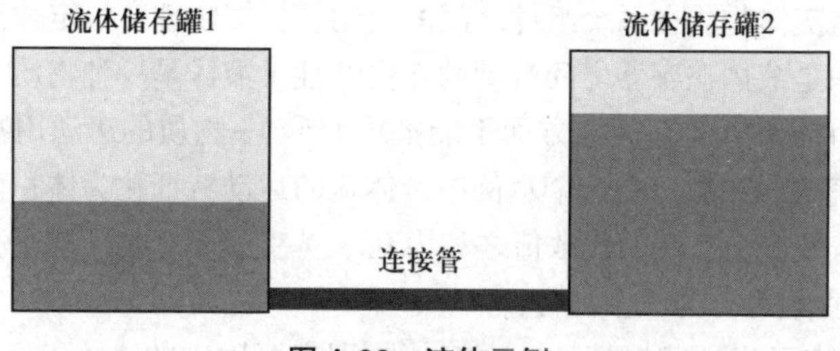

图 A.22　流体示例

A.4.3 内部结构

图 A.23 展示了 ConnectedTanks 的内部结构。组件特性类型为附录 A.4.4 中定义的块，表示该系统中的组件。它们通过端口相互连接，这些端口代表罐体和管道的开口，也在附录 A.4.4 中定义。连接器上的项流指示流体通过端口在构件之间流动。图 A.23 表示把每一个罐体连接到管道的一端。

SysML 初始值指定为内部块图中使用的组件特性值。图 A.23 表明流体密度、重力、罐表面积、管道半径、管道长度和流体动力黏度的初始值（见附录 A.4.4）。在连接的容器中指定构件特性的初始值的另一种方法是特化它，并重新定义各种配置的组件特性的默认值（见附录 A.5.9）。

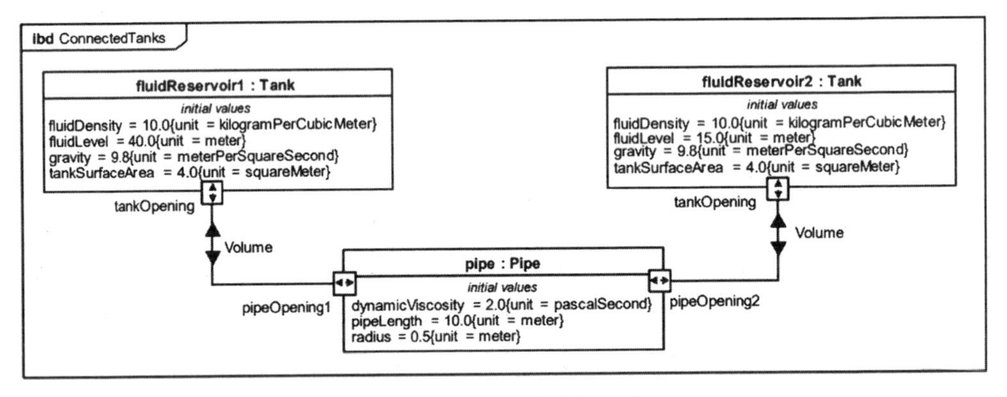

图 A.23 液压系统内部结构

A.4.4 块和端口

图 A.24 展示了图 A.23 中所示 ConnectedTanks 的块定义。罐体和管道有流体通过的开口，一个用于罐体，两个用于管道。这些开口由物理交互库（见 11.2.2 节）中的类型为 VolumeFlowElement 的端口表示。每种组件都有自己的行为，定义为 A.4.6 中的约束。

A.4.5 特性（变量）

物理交互是实体物质在系统组件之间的运动，根据物理守恒定律进行建模。在这个示例中，体积是液体在容器之间流动的守恒特性（液体是一种物质，可以被视为体积，因为其不可压缩，但在其他方面不能抵抗变形）。物质的运动用数值变量来描述其守恒特性的流率和流势。在这个示例中，体积的运动特征化为体积流率和流势。流变量是守恒的（多个交互端的代数值之和为 0），势变量不守恒（多个交互端的代数值是相等的）。这种模型分为三个部分：

- 采用块构建物理守恒特性，直接从物理交互库中的 ConservedQuantityKind 进

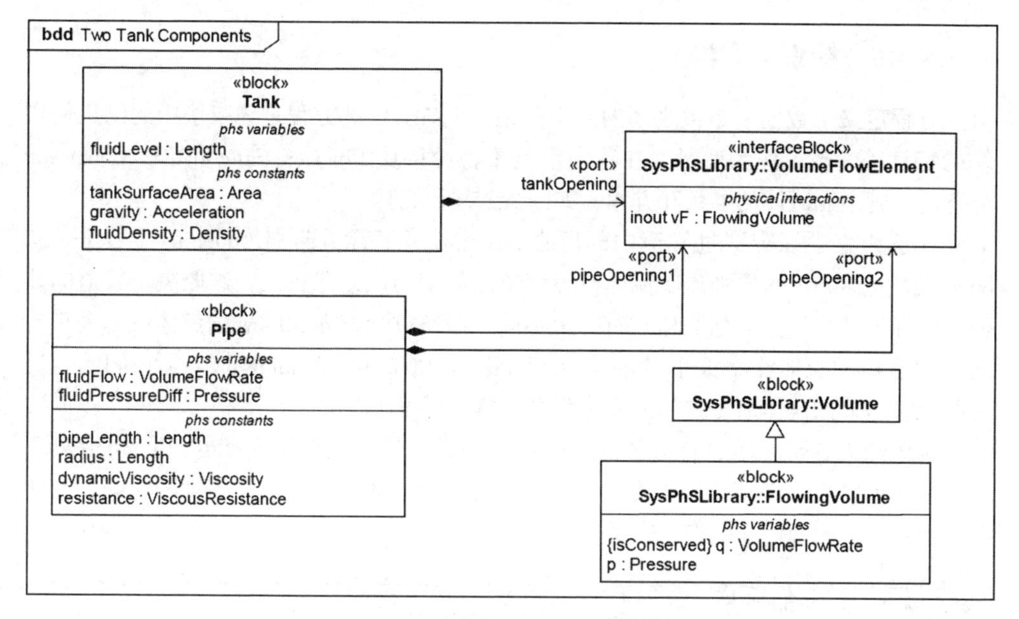

图 A.24　流体块、端口和组件特性

行特化（见 11.2.2 小节），这个示例中为 Volume。

- 将流变量建模为特性，并将 PhSVariable 构造型应用于守恒量类型块的特化上。在这个示例中，流变量和势变量分别是流动体积的 q 和 p（q 标记为守恒），分别为 VolumeFlowRate 和 Pressure 类型，这些变量都来自物理交互库。
- 组件的进出流通过类型为接口块的端口来建模，这些接口块拥有流特性，并通过流守恒量来定义类型。在这个示例中，端口的类型为物理交互库中的 VolumeFlowElement，拥有流特性 vF，类型为 Flowing Volume，如图 A.24 所示。tank 块有一个 tankOpening 端口，Pipe 块有端口 pipeOpening1 和 pipeOpening1，所有类型均为 VolumeFlowElement。

在这个示例中，管道的性能是由开口处的流体压强和体积流率来描述的。流体压强是由流体的特性 fluidPressureDiff（两个开口之间的压力差）给出，体积流率是由特性 fluidFlow（单位时间内流出的流体体积）给出。这两个特性类型分别来自物理交互库（见 11.2.2 小节）的 Pressure 和 VolumeFlowRate，并应用 PhSVariable 构造型，指定它们的值在仿真过程中可能会发生变化。

罐体具有液面高度、罐面面积、重力和流体密度等特性，类型分别为 Length、Area、Acceleration 和 Density。由于在仿真过程中，罐内流体的量可能会发生变化，因此特性 fluidLevel 采用了 PhSVariable 构造型，而其他特性在每次仿真过程中不发生变化，所以采用 PhS 常量构造型。

该管道具有管道长度、半径、动力黏度和黏性阻力等特性，类型分别为 Length、Length、Viscosity 和 ViscousResistance，采用 PhSConstant 构造型。

A.4.6 约束（方程）

方程定义了数值变量值之间的数学关系。SysML 中的方程是约束块中的约束使用块的特性（参数）作为变量。在这个示例中，约束块 PipeConstraint 和 TankConstraint 分别定义管道和罐体的参数和方程，如图 A.25 所示。

管道约束中规定穿过管道中的压强 pressure 等于管道两端（opening1Pressure 和 opening2Pressure）的压强差。流体流经管道的流率与压差成正比，这取决于管道的几何特性和流体性质。虽然数值在符号上不同，但通过管道 fluidFlow 的流体流率大小与通过管道口的流体流率大小（opening1FluidFlow 和 opening2FluidFlow）是相同的。通过两个管道口的流体流率之和为零（假设流体是不可压缩的）。

罐体约束表明罐体中的压强 pressure，这取决于罐体内的液面高度、流体的高度，以及流体的特性，即流体的密度。同时，油罐内的流体流动与液面高度随时间的变化和液面面积、截面面积的变化有关。

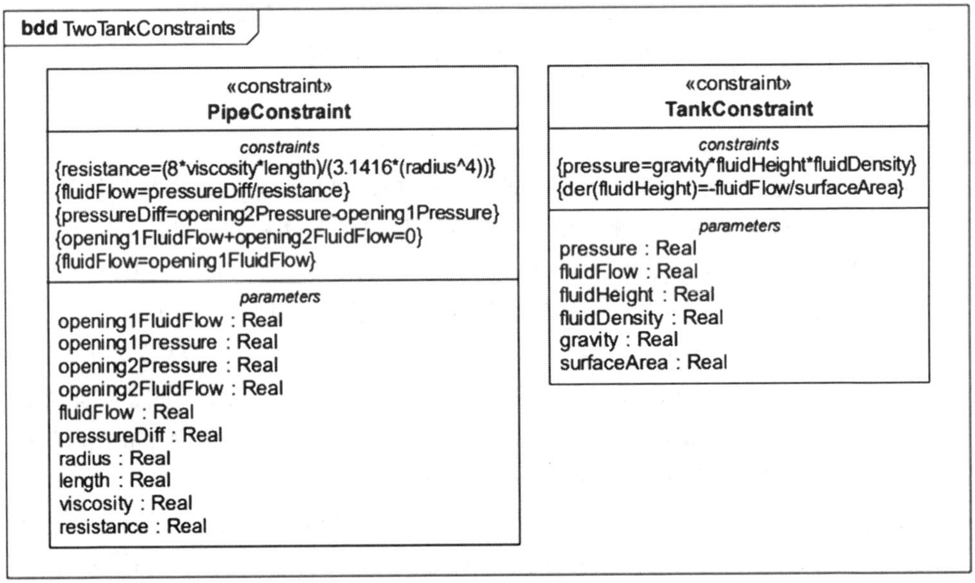

bdd TwoTankConstraints

«constraint»
PipeConstraint

constraints
{resistance=(8*viscosity*length)/(3.1416*(radius^4))}
{fluidFlow=pressureDiff/resistance}
{pressureDiff=opening2Pressure-opening1Pressure}
{opening1FluidFlow+opening2FluidFlow=0}
{fluidFlow=opening1FluidFlow}

parameters
opening1FluidFlow : Real
opening1Pressure : Real
opening2Pressure : Real
opening2FluidFlow : Real
fluidFlow : Real
pressureDiff : Real
radius : Real
length : Real
viscosity : Real
resistance : Real

«constraint»
TankConstraint

constraints
{pressure=gravity*fluidHeight*fluidDensity}
{der(fluidHeight)=-fluidFlow/surfaceArea}

parameters
pressure : Real
fluidFlow : Real
fluidHeight : Real
fluidDensity : Real
gravity : Real
surfaceArea : Real

图 A.25　液体模型约束块

A.4.7 约束特性和绑定

在组件参数图中，约束块中的方程使用绑定连接器应用到组件上。组件参数图表明约束块类型的特性（约束特性）以及组件、端口、仿真变量和常数。绑定连接器将约束参数链接到仿真变量和常数，表明它们的值必须相同。图 A.26 和图 A.27 分别表明罐体和管道的参数图。

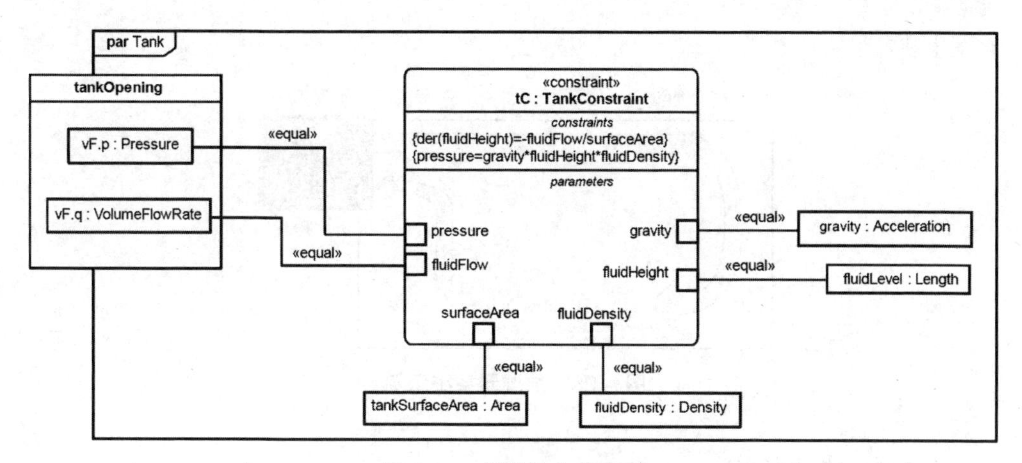

图 A.26　罐体约束参数图

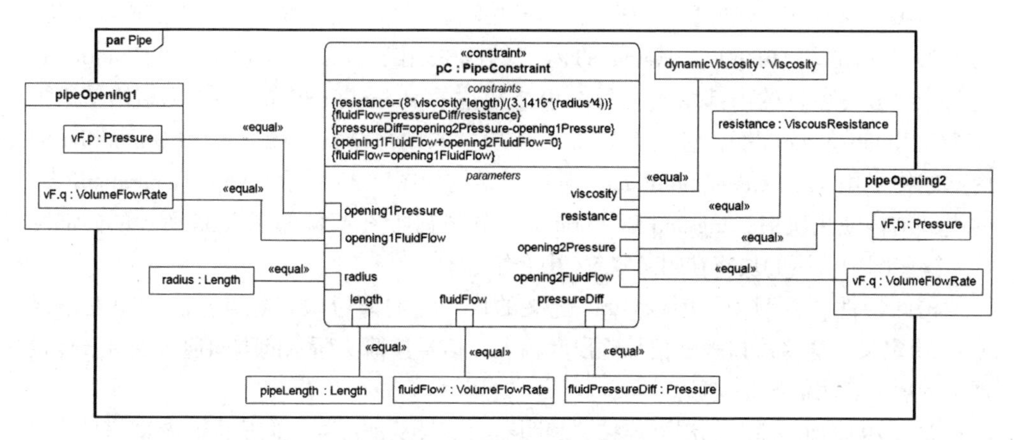

图 A.27　管路约束参数图

A.5　加湿器

A.5.1　介绍

附录 A.5 给出了一个房间加湿器的模型，其可作为信号流和状态机的示例。这个示例中的一些信号反映了物理量，但这不是实体物质与流率和流势的物理交互，如附录 A.2 和 A.4 所讲。

A.5.2　系统建模

加湿器系统有两个主要组件：加湿室和加湿器，如图 A.28 所示。加湿器使用有关房间湿度水平的信息来确定输入房间的蒸汽量。加湿器包括水箱、加热器控制器和蒸汽发生装置。

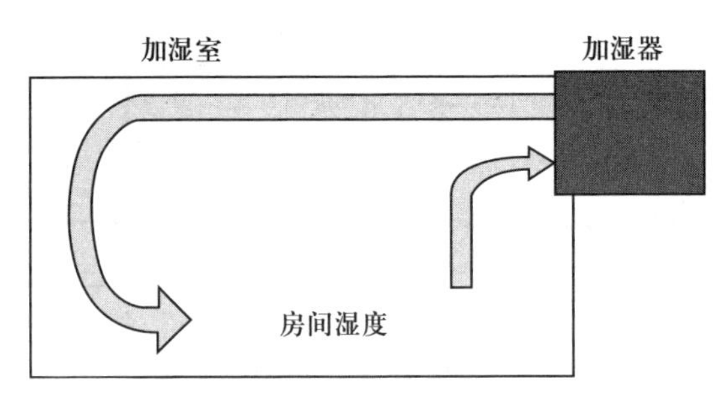

图 A.28　加湿器系统示例

A.5.3　内部结构

图 A.29 至图 A.35 通过七个嵌套的内部块图表明加湿器系统及其组件的内部结构。图 A.29 所示的块 HumidifierSystem 的内部结构采用了 HumidifiedRoom 和 Humidifier，这两个部分有各自的内部结构。图 A.30 中描述的 HumidifiedRoom 的内部结构使用了一个块 RelativeHumidity，它具有如图 A.31 所示的内部结构。图 A.32 中 Humidifier 的内部结构采用 VaporGenerationPlant，其内部结构如图 A.33 所示。VaporGenerationPlant 的内部结构使用块 Heating and Evaporation，分别有如图 A.34 和图 A.35 所示的内部结构。这些图中使用的块将在附录 A.5.4 中介绍。

构件特性、类型为子附录 A.5.4 定义的块。它们通过端口相互连接，也在附录 A.5.4 中定义，这些端口表示信号输出和输入。信号按箭头所示的方向通过端口。连接器上的项流表明信号是实数。

图 A.29 将加湿室与加湿器连接，表明蒸汽信号从加湿器流向房间，湿度信号从房间流向加湿器。图 A.30 将进入房间的蒸汽、饱和蒸汽压力和湿度信号导向到一个相对湿度构件，该构件计算出房间的湿度。

图 A.31 将输入的蒸汽信号导向到蒸汽压力计算部分，相对湿度计算部分链接到输出压力信号部分。该图还将输入的饱和蒸汽压力信号导向到相对湿度计算部分，将湿度信号导向到湿度平衡部分，该部分连接到相对湿度计算部分，输出一个湿度变化信号，这个信号指向这个内部结构的输出。

图 A.32 将流向加湿器的湿度信号转换成从加湿器流出的蒸汽信号。这是用加热器控制状态机、使用场景状态机、另一个控制器状态机、来自水箱水量的信息以及来自蒸汽发生装置的信息来完成的。图 A.32 中描述状态机在加热器控制、控制和使用场景构件等方面的应用，这将在 A.5.8 中解释。

图 A.33 通过将输入加热器功率比信号引导到蒸汽发生装置的计算部分，并将输入水信号引导到辐射部分、蒸汽发生装置计算和辐射构件，以及加热和蒸发构件之间的连接器，该部分可以输出蒸发部分的蒸汽信号和加热部分的温度信号。

图 A.34 将能量信号输出到温度升高部分，该部分连接到加热计算部分，最后输出温度升高信号，该信号直接指向内部结构的输出。图 A.34 将输入能量和温度信号引导到蒸发计算构件，其中一个构件为内部结构输出蒸汽信号。

附录 A.5.4 中图 A.30~ 图 A.35 中组件特性的初始值不能在内部块图中指定，正如其他附录中的一样，至少在 Simulink 是其中平台之一的情况下是这样。不含 Simscape 的 simulink 没有与顶层系统以下构件的初始值相对应的元素（见 10.10.4 节），而 Simscape 没有对应于状态机的元素（见 10.12.4 小节）。附录 A.5.9 展示了如何通过特化块并用默认值重新定义它们的特性来实现这个示例中的初始值的效果。

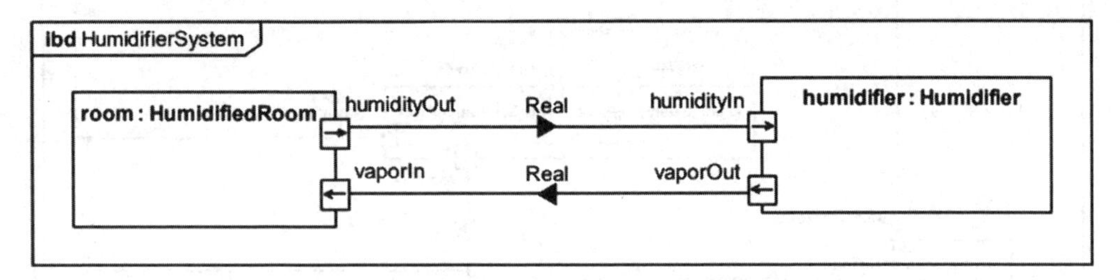

图 A.29　加湿器系统内部结构

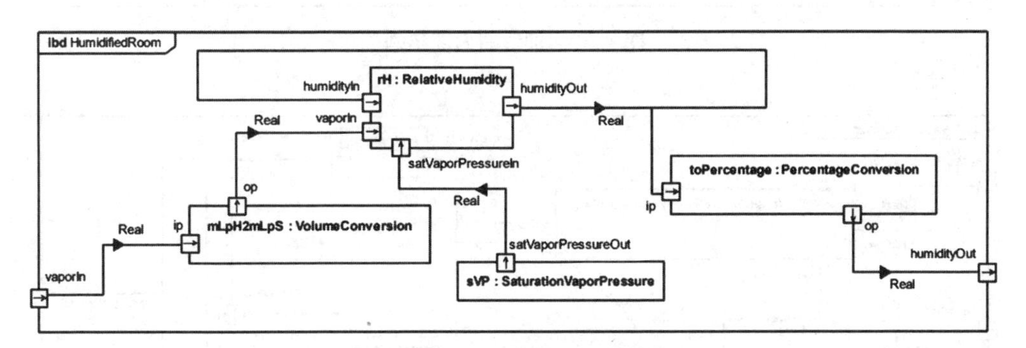

图 A.30　加湿室内部结构

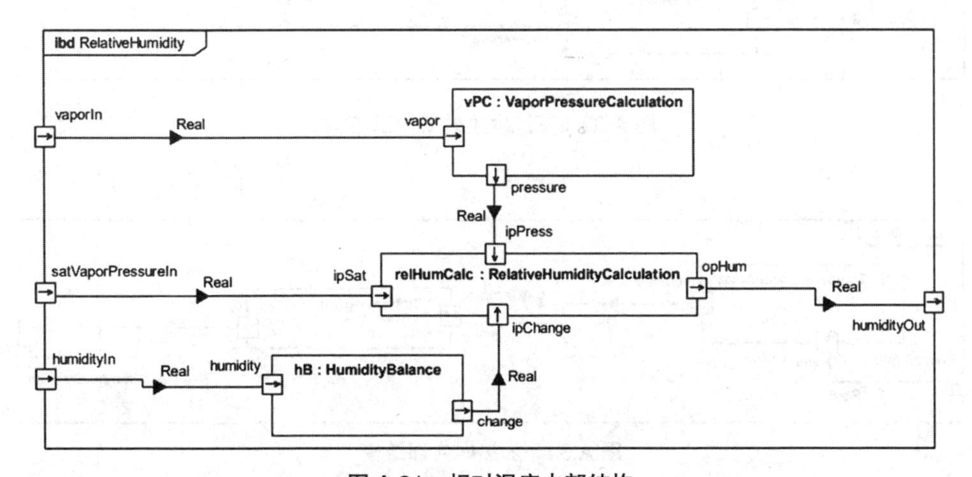

图 A.31　相对湿度内部结构

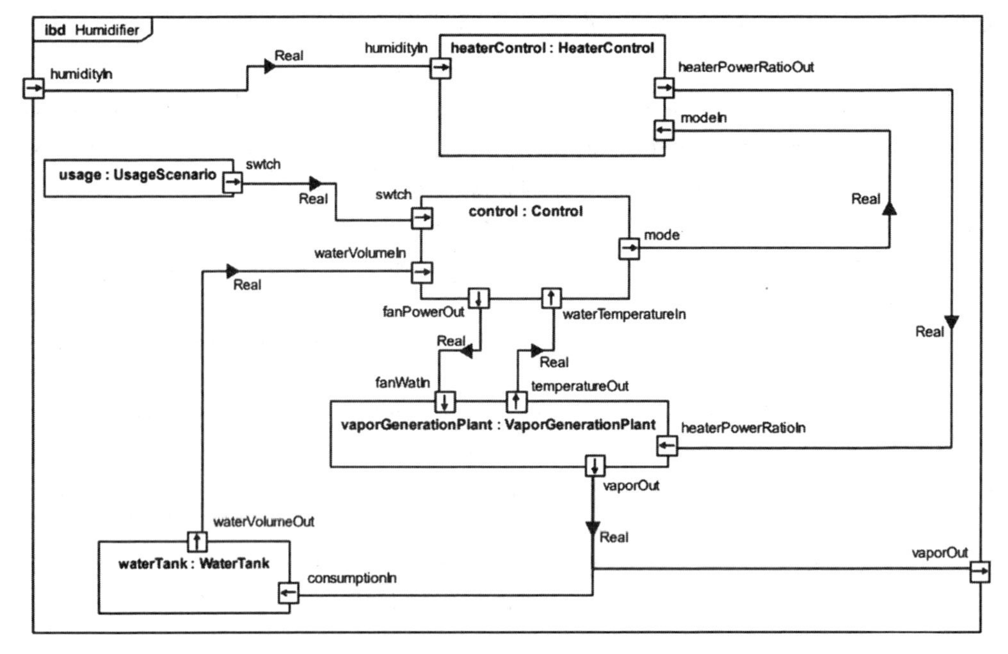

图 A.32　加湿器内部结构

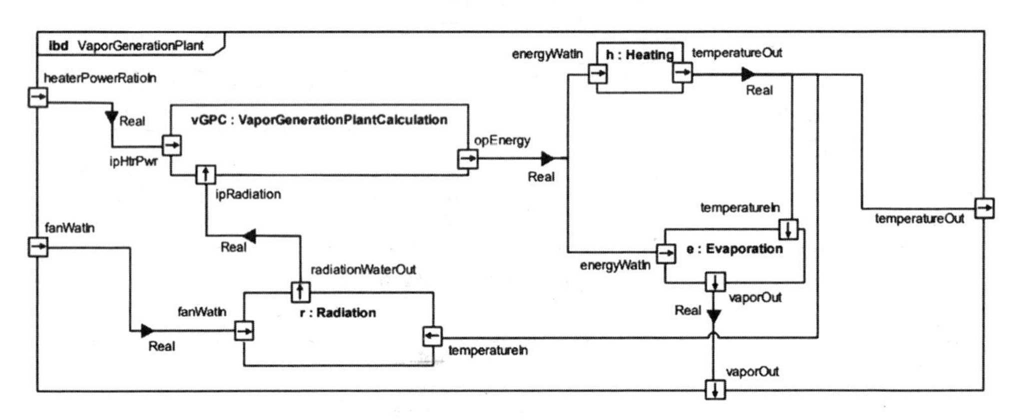

图 A.33　蒸汽发生装置内部结构

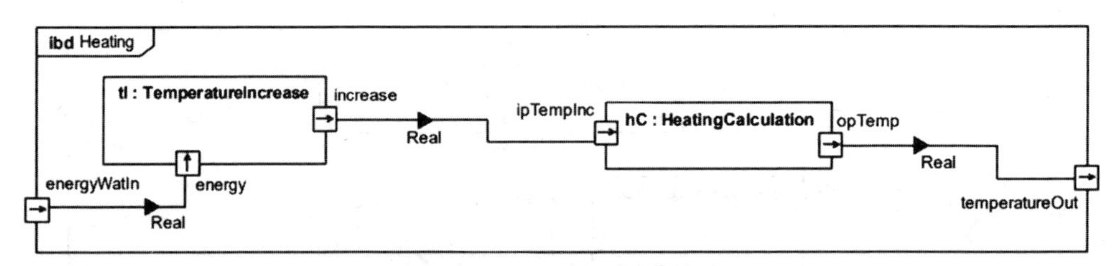

图 A.34　加热器内部结构

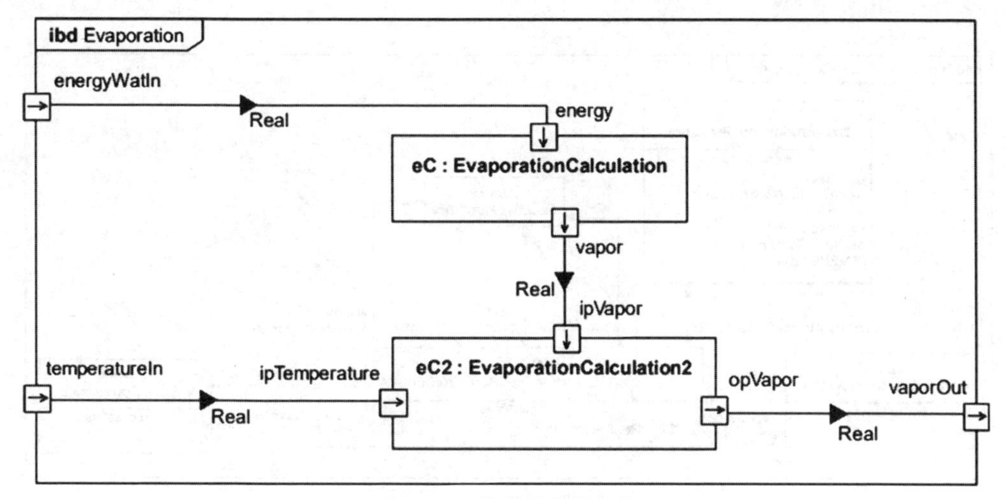

图 A.35 蒸发器内部结构

A.5.4 块和端口

图 A.36~ 图 A.42 展示了组件的块定义，这些块的内部图分别在图 A.29 至图 A.35 进行使用（每个模块分别用于总加湿器系统、加湿室、相对湿度、加湿器、蒸汽发生装置、加热器和环境组件）。所有端口的类型为 RealSignalInElement，来自信号流库（见 11.2.1 小节）。端口名称旁边的 tilde（~）表示它接收到的信号（共轭端口类型），否则端口发送信号 tilde（~）通常出现在类型名称之前和冒号 2 后；但是，与附录 A.3 中的信号端口类型比较，图中省略了端口类型，因为它们都是相同的。在 A.5.3 中没有内部块图的组件块，其行为在附录 A.5.6 中定义为约束。

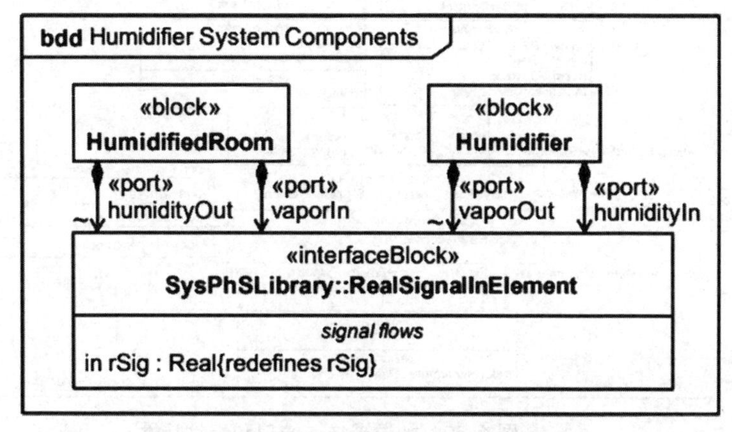

图 A.36 总加湿器系统块、端口和组件特性

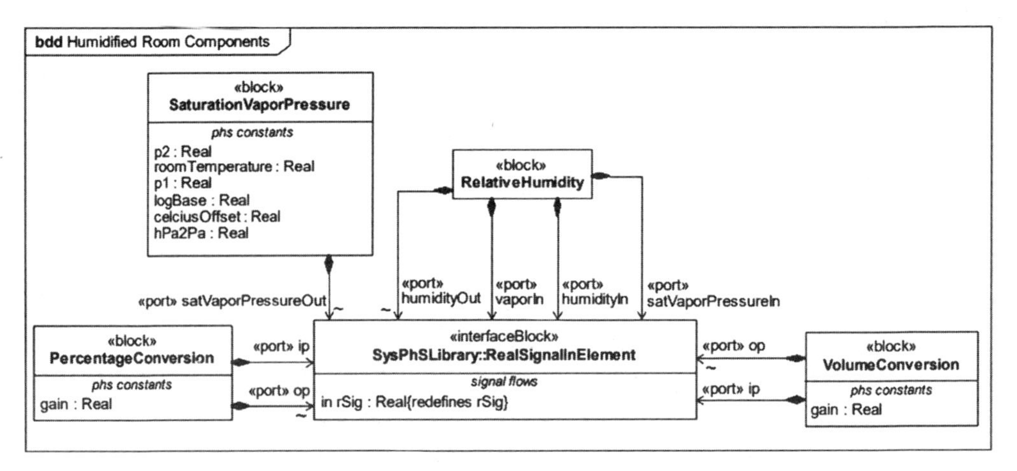

图 A.37　加湿室块、端口和组件特性

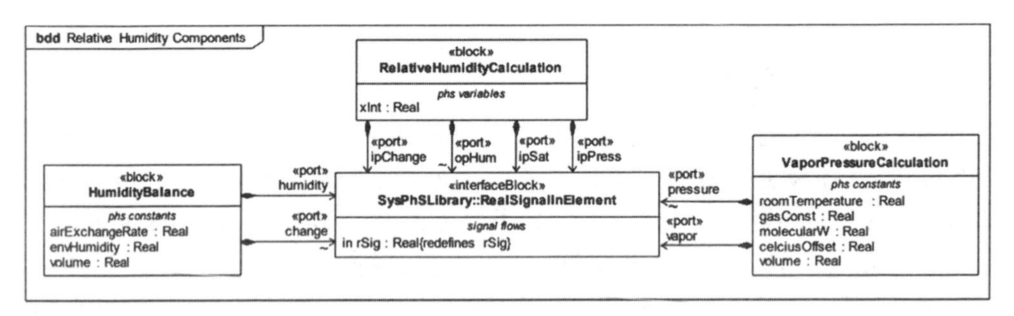

图 A.38　相对湿度块、端口和组件特性

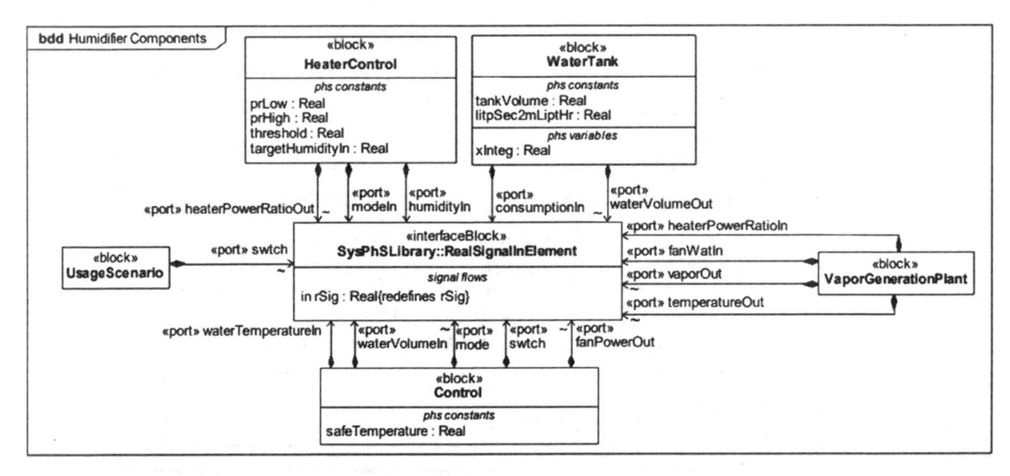

图 A.39　加湿器块、端口和组件特性

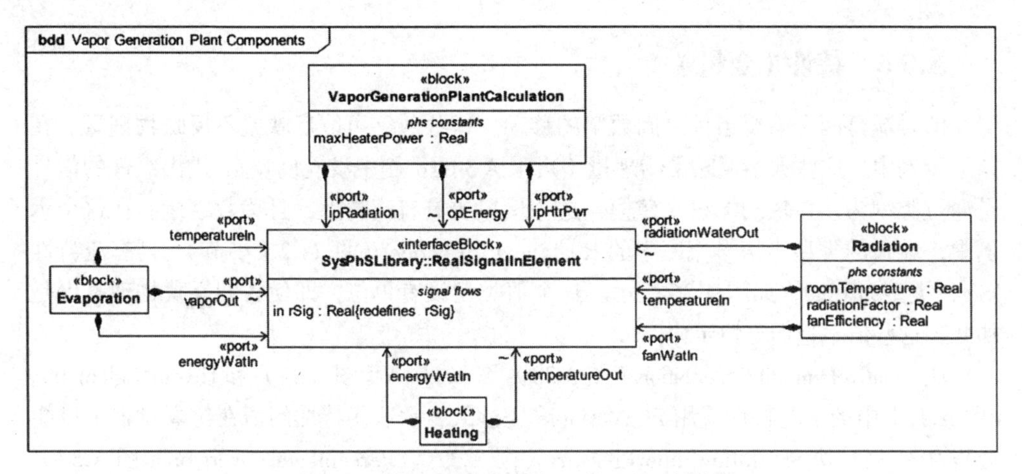

图 A.40　蒸汽生成装置块、端口和组件特性

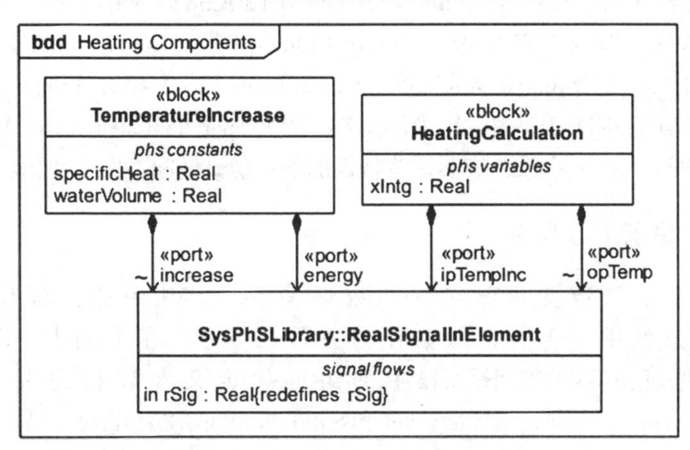

图 A.41　加热块、端口和组件特性

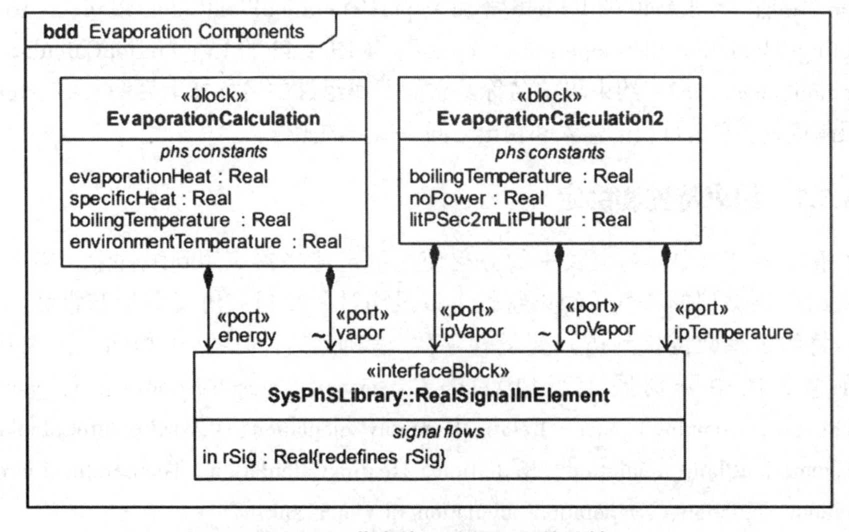

图 A.42　蒸发块、端口和组件特性

A.5.5 特性（变量）

信号流是两个系统组件之间数字的移动。这些数字可能反映或不反映物理量。在这个示例中，这些数字反映了物理量（附录 A.3 的示例中没有反映）。进出组件的信号是通过类型为接口块的端口来建模，这些接口块具有流特性，且为数字量。在这个示例中，端口的类型为信号流库中的 RealSignalInElement（见 11.2.1 小节），具有流特性 rSig，类型为 Real，如图 A.36 所示。这个值类型没有单位，即使它们反映物理量也是如此，这些值不遵循守恒定律。

块 RelativeHumidityCalculation（图 A.38）、WaterTank（图 A.39）和 HeatingCalculation（图 A.41）中的一些特性应用 PhSVariable 变量，表示这些特性的值在仿真过程中可能会发生变化。块 SaturationVaporPressure（图 A.37）、PercentageConversion（图 A.37）、VolumeConversion（图 A.37）、HumidityBalance（图 A.38）、VaporPressureCalculation（图 A.38）、WaterTank（图 A.39）、HeaterControl（图 A.39）、Control（图 A.39）、Radiation（图 A.40）、VaporGenerationPlantCalculation（图 A.40）、TemperatureIncrease（图 A.41）、EvaporationCalculation2（图 A.42）和 EvaporationCalculation（图 A.42）的特性中具有 PhSConstant 变量，表明这些特性的值在仿真期间不发生变化。

A.5.6 约束（方程）

方程定义了数值变量值之间的数学关系。SysML 中的方程是约束块中的约束，通过使用块中特性参数作为方程的变量。在本例中，图 A.43 中的约束块分别通过图 A.37~ 图 A.42 中的组件块定义参数和约束：图 A.37 的 VolumeConversion、PercentageConversion 和 SaturationVaporPressure； 图 A.38 中 的 RelativeHumidityCalculation、VaporePressureCalculation 和 HumidityBalance； 图 A.39 的 WaterTank； 图 A.40 的 Radiation 和 VaporGenerationPlantCalculation； 图 A.41 的 HeatingCalculation 和 TemperatureIncrease； 图 A.42 的 EvaporationCalculation 和 EvaporationCalculation2。约束块的名称是它们所属组件的名称加上后缀“-constraint”。这些限制规定了在组件块的输入和输出之间对信号的操作。

A.5.7 约束特性和绑定

在组件参数图中，约束块中的方程使用绑定连接器应用到组件上。组件参数图表明约束块类型的特性（约束特性）以及组件、端口、仿真变量和常数。绑定连接器将约束参数链接到仿真变量和常数，表明它们的值必须相同。图 A.44~ 图 A.56 在参数图中分别展示了块 VolumeConversion、PercentageConversion、Saturation VaporPressure、HumidityBalance、RelativeHumidityCalculation、VaporPressureCalculation、VaporGenerationPlantCalculation、Radiation、HeatingCalculation、TemperatureIncrease、EvaporationCalculation、EvaporationCalculation 和 WaterTank。

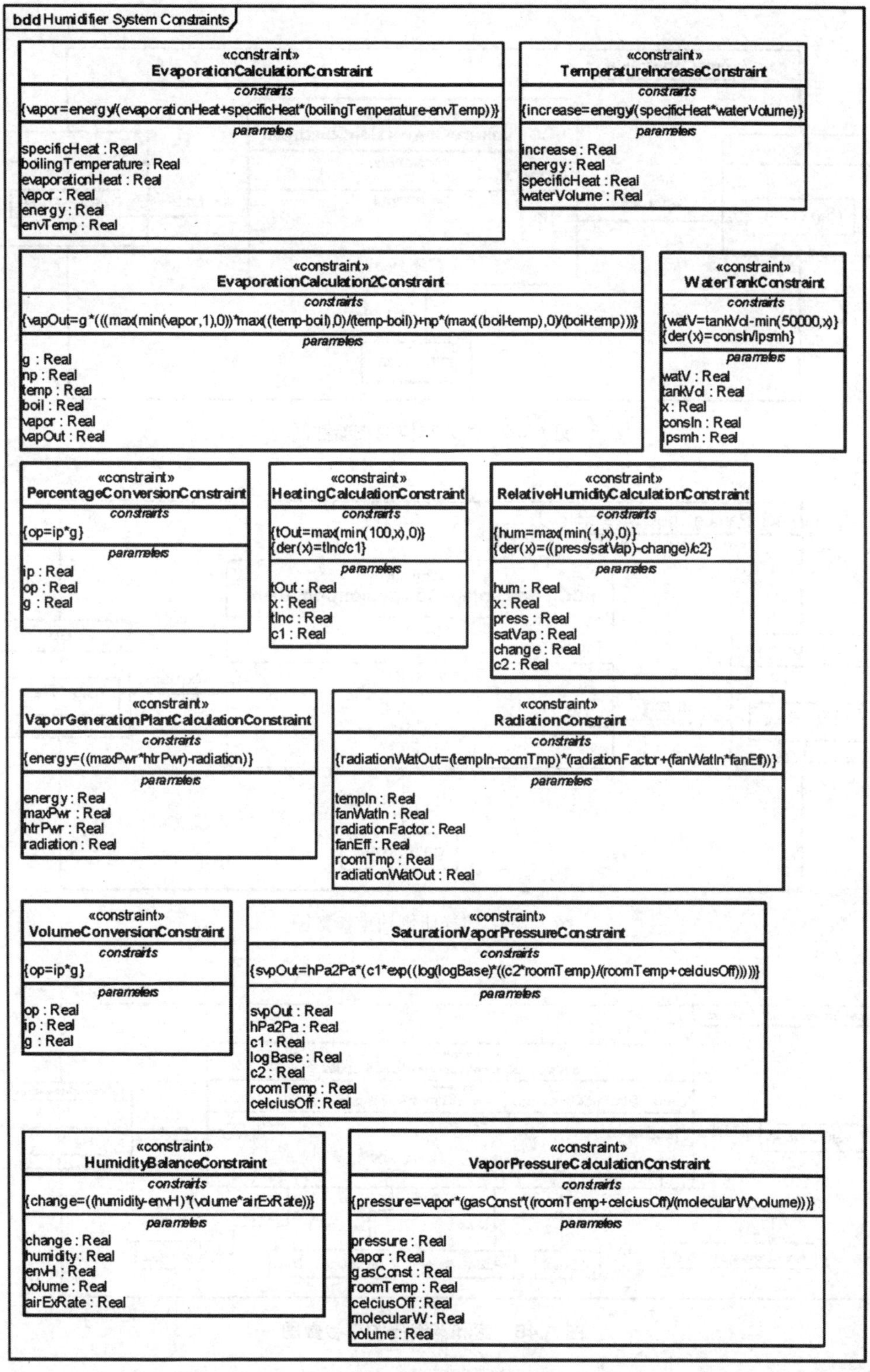

bdd Humidifier System Constraints

«constraint»
EvaporationCalculationConstraint

constraints

{vapor=energy/(evaporationHeat+specificHeat*(boilingTemperature-envTemp))}

parameters

specificHeat : Real
boilingTemperature : Real
evaporationHeat : Real
vapor : Real
energy : Real
envTemp : Real

«constraint»
TemperatureIncreaseConstraint

constraints

{increase=energy/(specificHeat*waterVolume)}

parameters

increase : Real
energy : Real
specificHeat : Real
waterVolume : Real

«constraint»
EvaporationCalculation2Constraint

constraints

{vapOut=g*(((max(min(vapor,1),0))*max((temp-boil),0)/(temp-boil))+np*(max((boil-temp),0)/(boil-temp)))}

parameters

g : Real
np : Real
temp : Real
boil : Real
vapor : Real
vapOut : Real

«constraint»
WaterTankConstraint

constraints

{watV=tankVol-min(50000,x)}
{der(x)=consIn/lpsmh}

parameters

watV : Real
tankVol : Real
x : Real
consIn : Real
lpsmh : Real

«constraint»
PercentageConversionConstraint

constraints

{op=ip*g}

parameters

ip : Real
op : Real
g : Real

«constraint»
HeatingCalculationConstraint

constraints

{tOut=max(min(100,x),0)}
{der(x)=tInc/c1}

parameters

tOut : Real
x : Real
tInc : Real
c1 : Real

«constraint»
RelativeHumidityCalculationConstraint

constraints

{hum=max(min(1,x),0)}
{der(x)=((press/satVap)-change)/c2}

parameters

hum : Real
x : Real
press : Real
satVap : Real
change : Real
c2 : Real

«constraint»
VaporGenerationPlantCalculationConstraint

constraints

{energy=((maxPwr*htrPwr)-radiation)}

parameters

energy : Real
maxPwr : Real
htrPwr : Real
radiation : Real

«constraint»
RadiationConstraint

constraints

{radiationWatOut=(tempIn-roomTmp)*(radiationFactor+(fanWatIn*fanEff))}

parameters

tempIn : Real
fanWatIn : Real
radiationFactor : Real
fanEff : Real
roomTmp : Real
radiationWatOut : Real

«constraint»
VolumeConversionConstraint

constraints

{op=ip*g}

parameters

op : Real
ip : Real
g : Real

«constraint»
SaturationVaporPressureConstraint

constraints

{svpOut=hPa2Pa*(c1*exp((log(logBase)*((c2*roomTemp)/(roomTemp+celciusOff)))))}

parameters

svpOut : Real
hPa2Pa : Real
c1 : Real
logBase : Real
c2 : Real
roomTemp : Real
celciusOff : Real

«constraint»
HumidityBalanceConstraint

constraints

{change=((humidity-envH)*(volume*airExRate))}

parameters

change : Real
humidity : Real
envH : Real
volume : Real
airExRate : Real

«constraint»
VaporPressureCalculationConstraint

constraints

{pressure=vapor*(gasConst*((roomTemp+celciusOff)/(molecularW*volume)))}

parameters

pressure : Real
vapor : Real
gasConst : Real
roomTemp : Real
celciusOff : Real
molecularW : Real
volume : Real

图 A.43　加湿器约束块

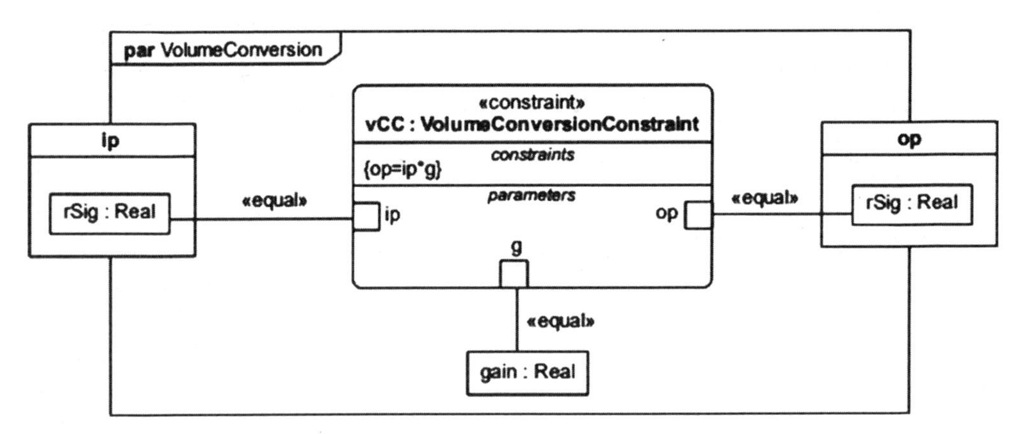

图 A.44　体积转换约束参数图

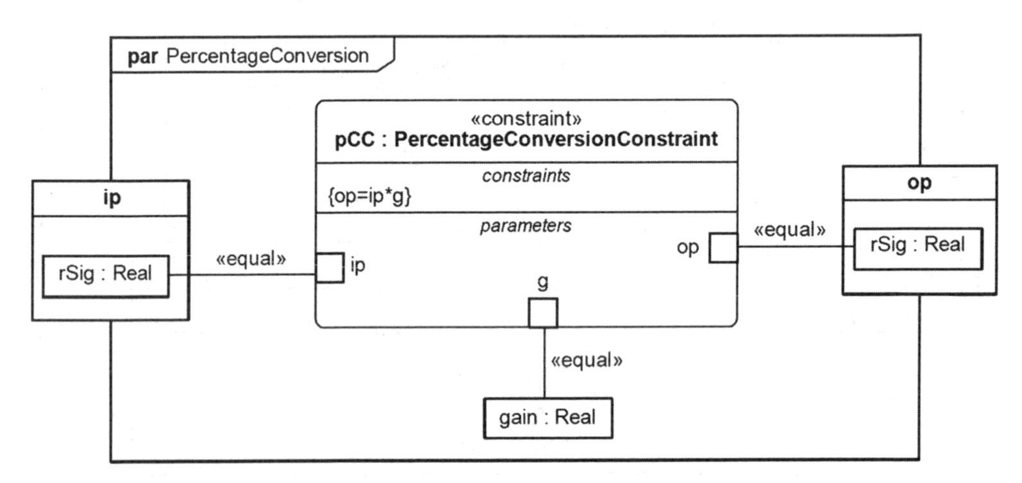

图 A.45　转换比例约束参数图

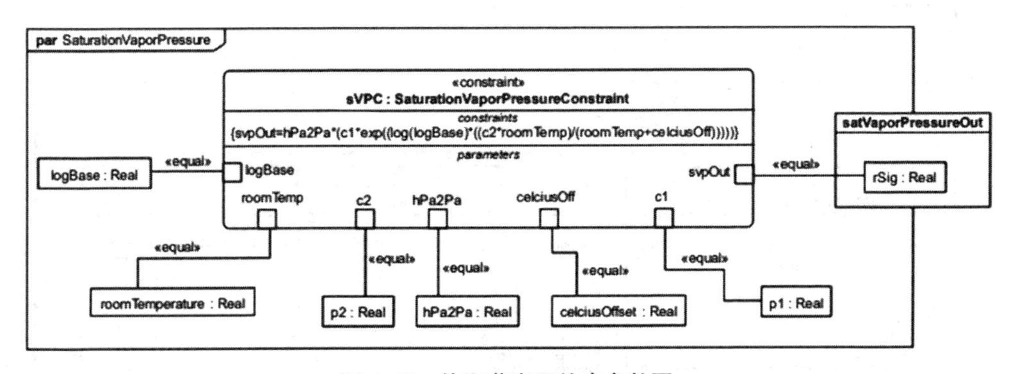

图 A.46　饱和蒸汽压约束参数图

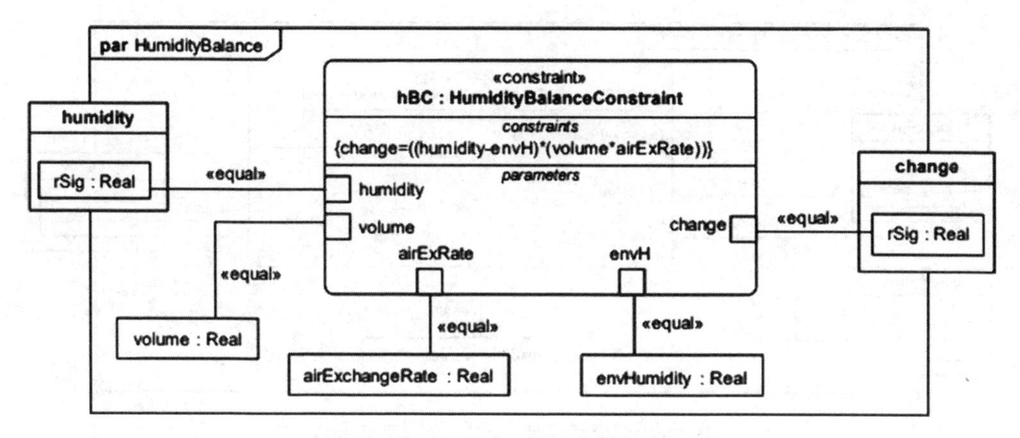

图 A.47 湿度平衡约束参数图

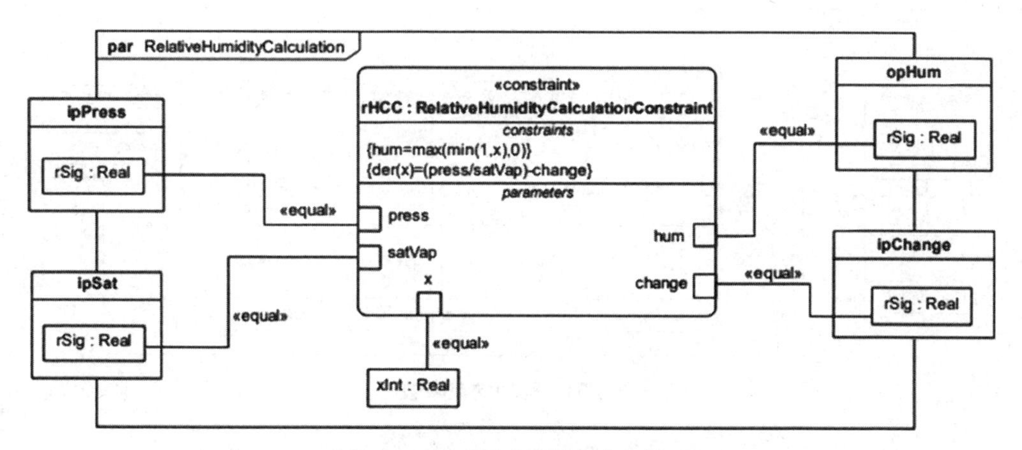

图 A.48 相对湿度计算约束参数图

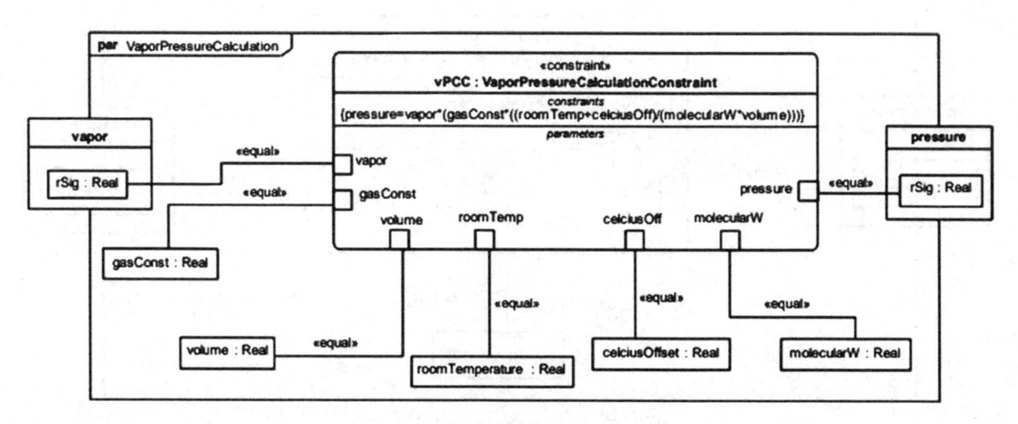

图 A.49 蒸汽压计算约束参数图

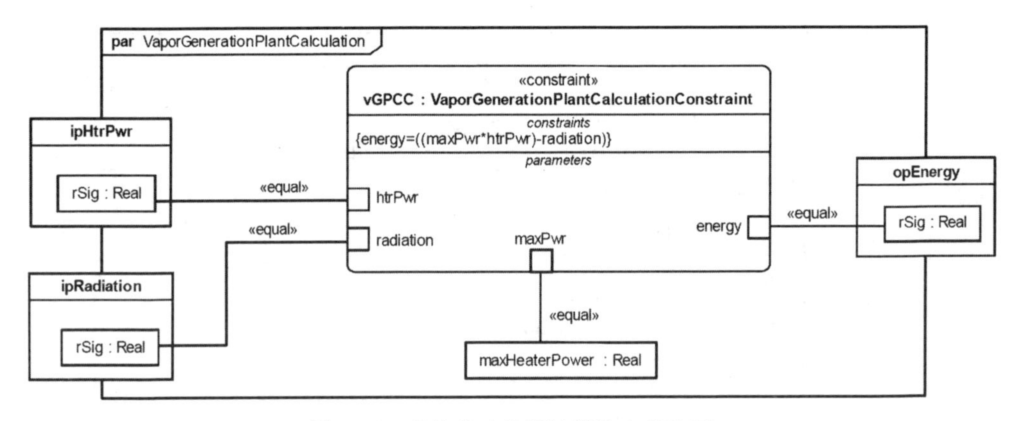

图 A.50　蒸汽发生装置计算约束参数图

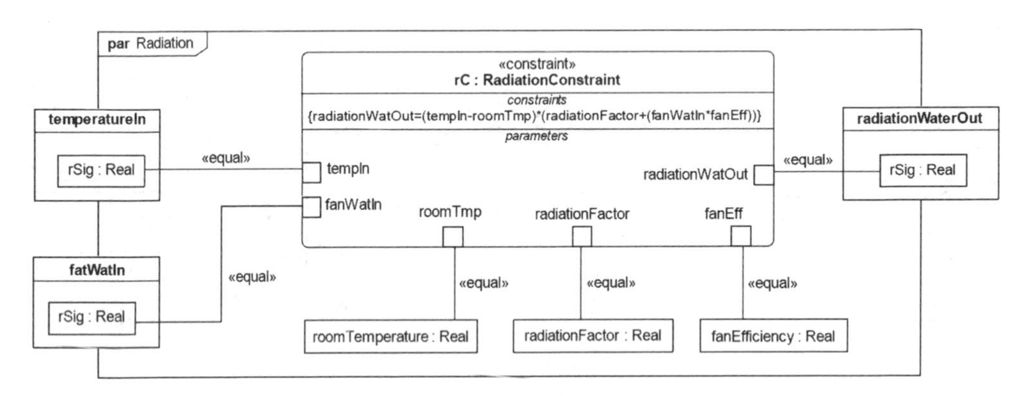

图 A.51　辐射约束参数图

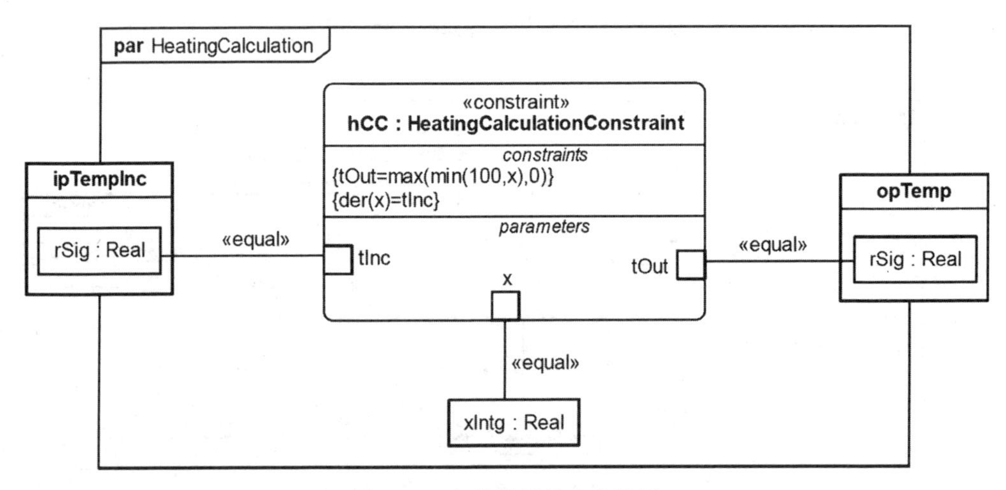

图 A.52　加热计算约束参数图

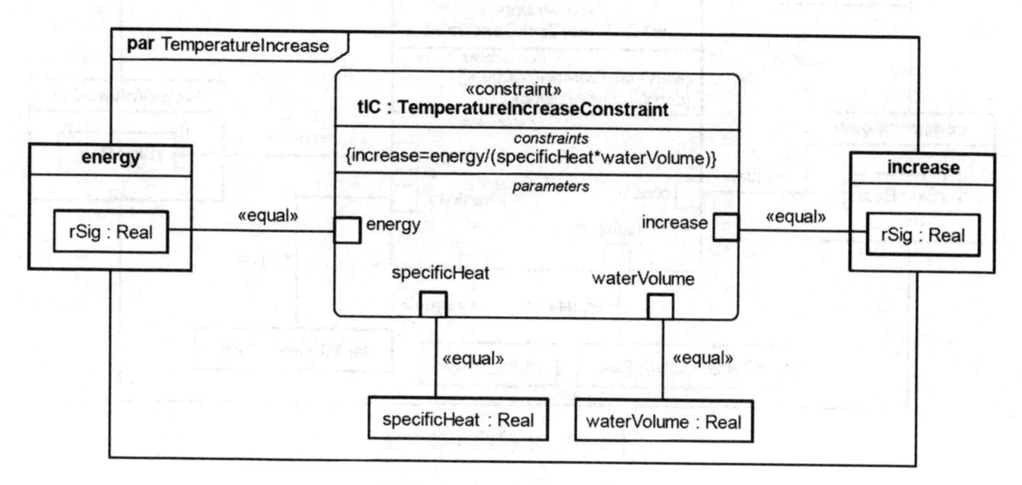

图 A.53　升温约束参数图

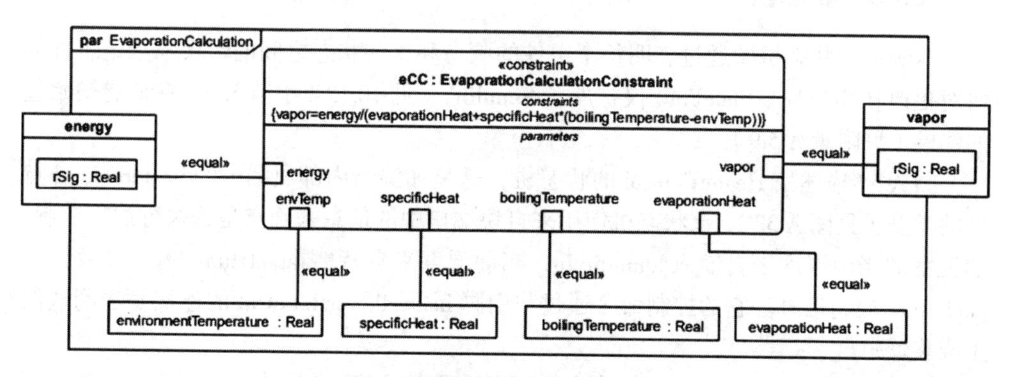

图 A.54　蒸发计算约束参数图

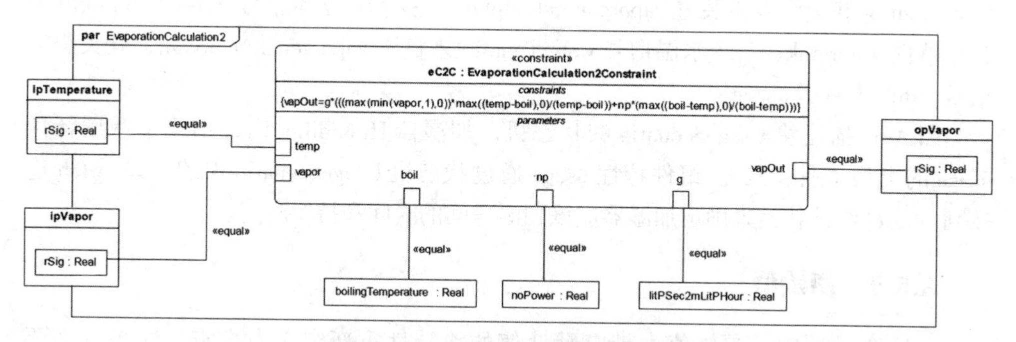

图 A.55　瞬时蒸发量计算约束参数图

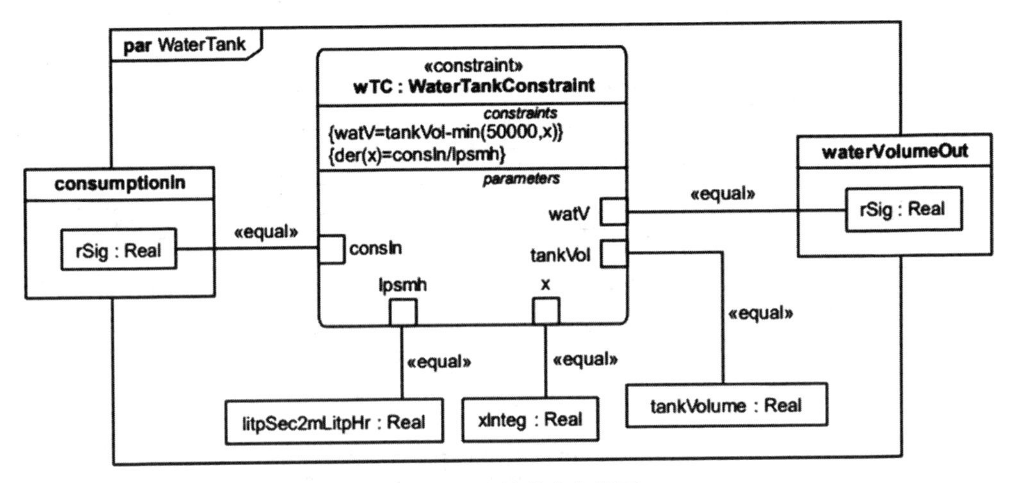

图 A.56 水箱约束参数图

A.5.8 状态机

本例中的状态机图通过表明每个组件的状态和这些状态之间的转换来指定组件如何对更改作出反应。StateFlow 仅扩展了 Simulink（见 10.12.4 小节），这将影响初始值的建模（见附录 A.5.9）。

图 A.57 描述块 HeaterControl 的状态机，这是加湿器内部块图中的 heatercontrol 特性的类型（见图 A.32）。该状态机使用来自块端口中的信息来确定是否执行加热控制；加湿室的当前湿度来自输入 humidityIn，当前湿度来自特性 targetHumidity，以及输入 modeIn 的控制信号。它的控制命令通过与引脚 heaterPowerRatioOut 的连接发送到蒸汽生成装置中。

图 A.58 描述块 Control 的状态机，是加湿器内部结构中 control 特性的类型（图 A.32）。该状态机根据从 Control 块的端口接收到的信息确定对加热器控制器 heatercontrol 和蒸汽发生装置 vaporgenerationplant 的操作：水量信号 water Volum eIn 来自于特性 watertank，一个水温信号 waterTempIn 来自于 vaporgenerationplant，开关决策信号 swtch 来自于 usage。

图 A.59 描述块 UsageScenario 的状态机，加湿器 Humidifier 内部结构中使用特性 usage 的类型（图 A.32）。组件特性 usage 通过状态机 UsageScenario 中的端口 swtch 连接到 control 组件特性来确定加湿器应该加湿房间的时间和持续时间。

A.5.9 初始值

在这个示例中，初始值由带有默认值的块特性重新定义来指定。这是有必要的，因为 StateFlow 仅扩展了 Simulink（见 Simulink 10.12.4 小节），而没有 Simscape 的 Simulink 没有与 SysML 初始值相对应的元素（见 10.10.4 小节）。如果要在 Simulink 中

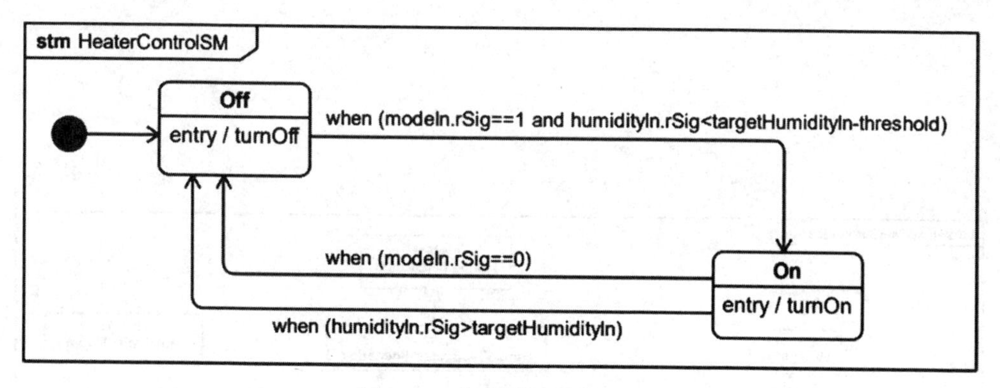

图 A.57 加热器控制状态机

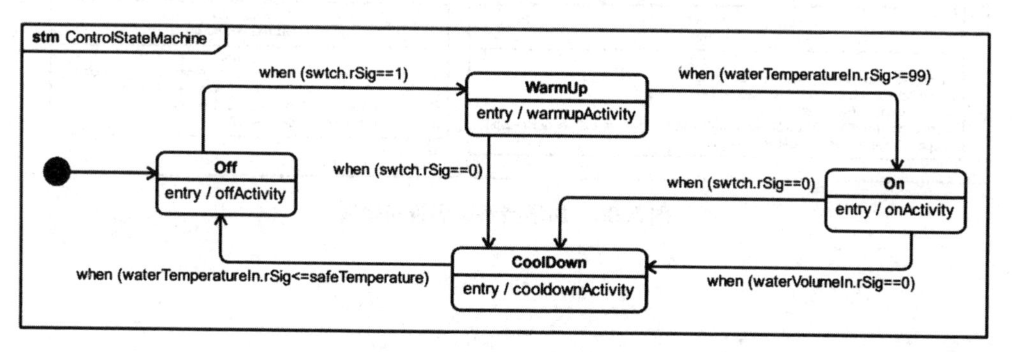

图 A.58 加湿器控制状态机

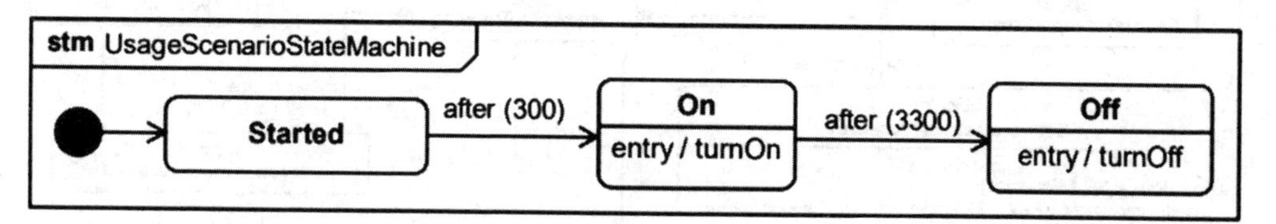

图 A.59 加湿器使用场景状态机

使用相应的元素，SysML 模型必须特化组件块重新定义特性并给出默认值，而不是使用初始值。

从整个系统块的特化开始，每个值的配置（场景）都需要它自己的特化和重新定义。对整个系统块进行特化赋值时，也需要对类型为组件特性的块进行特化。图 A.60 至图 A.66 中的附加模块分别来自图 A.36 至图 A.42 中的组件模块（为总体加湿系统、加湿室、相对湿度、加湿器、蒸汽发生器、加热和环境组件）。例如，图 A.60 表明来自总体系统块中的 HumidifierSystemScenario1。特化块具有后缀为“-1”的通用组件的名称，表示这种特化是用于第一个场景。在每个专用块上表明带有默认值的构件特性重新定义。

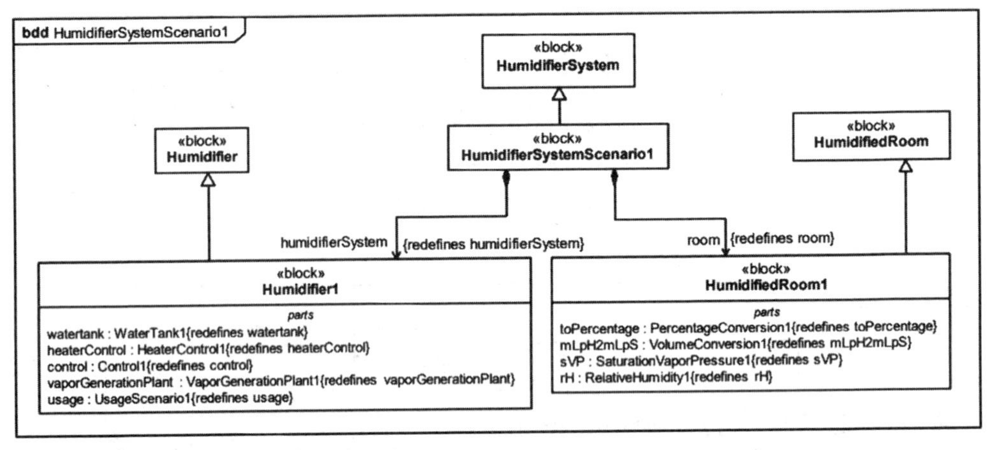

图 A.60　加湿器系统场景初始值

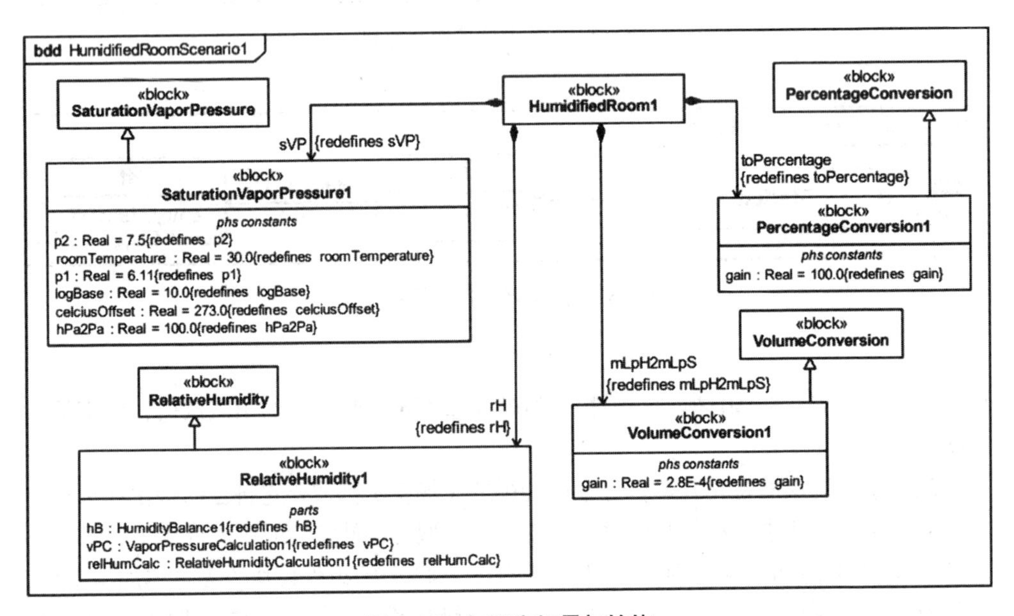

图 A.61　加湿室场景初始值

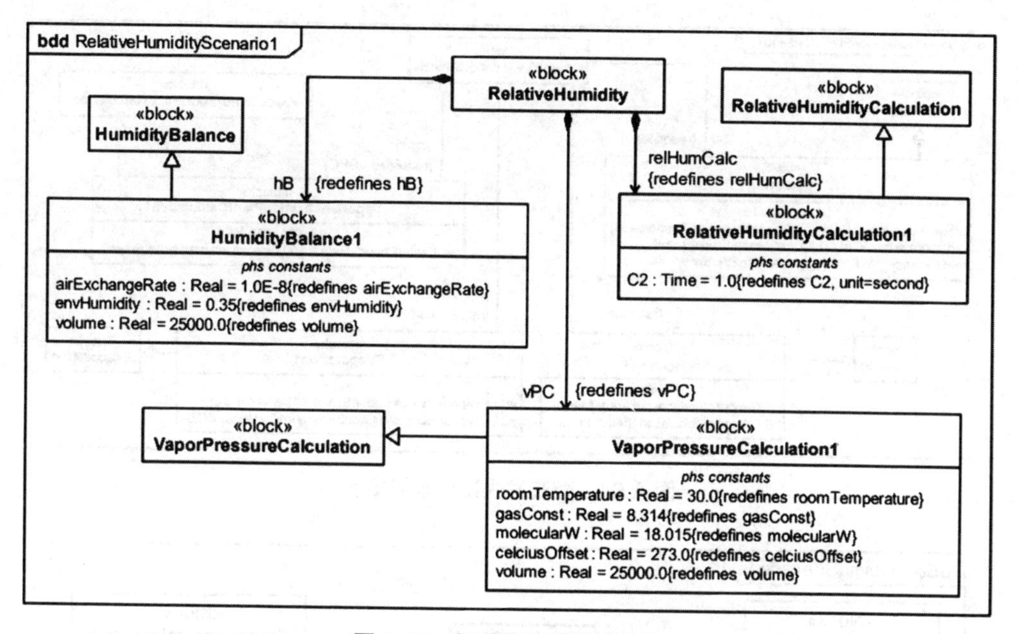

图 A.62 相对湿度场景初始值

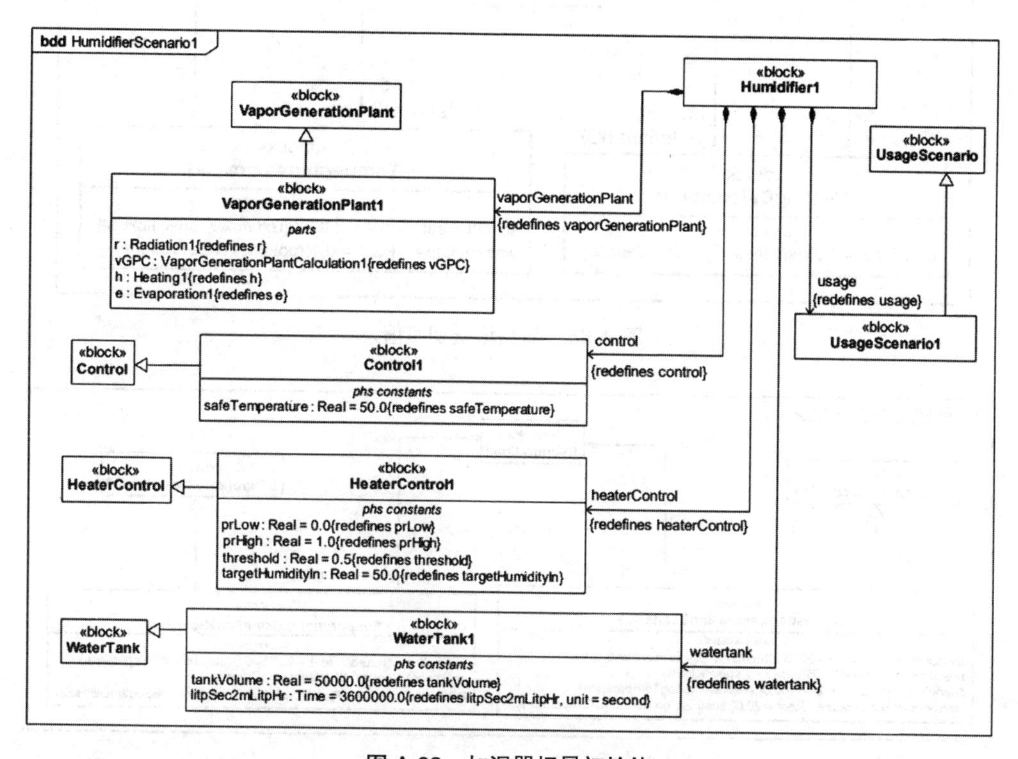

图 A.63 加湿器场景初始值

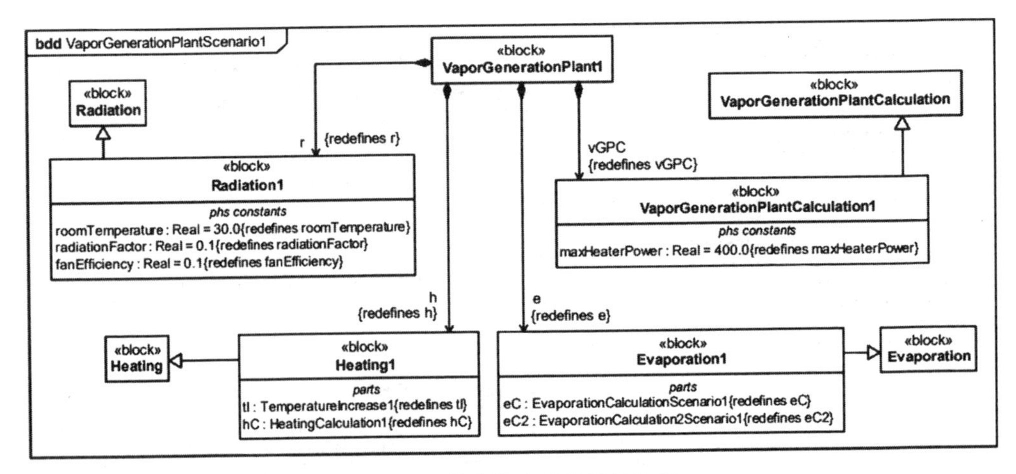

图 A.64　蒸汽发生器场景初始值

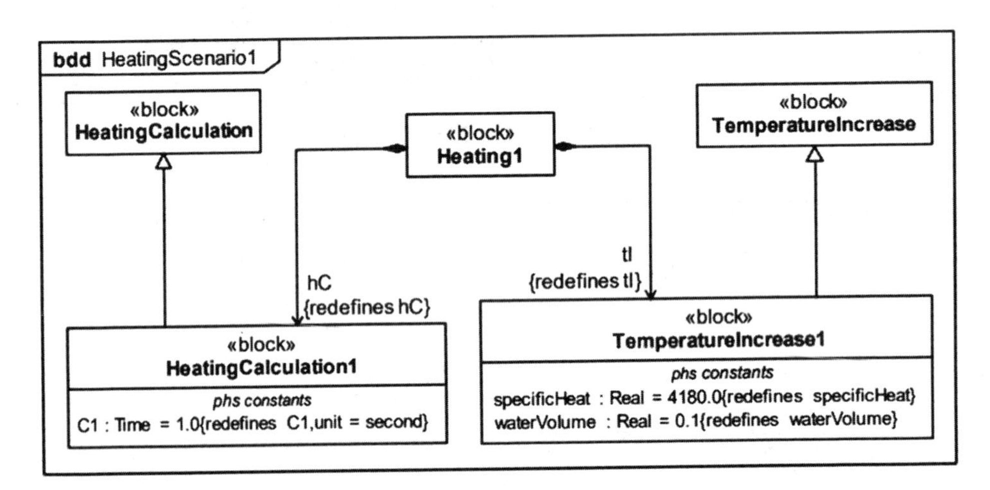

图 A.65　加热场景初始值

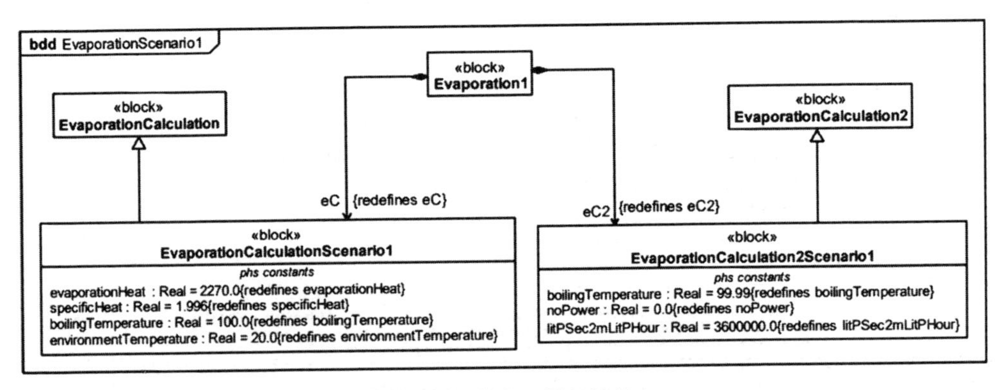

图 A.66　蒸发场景初始值

A.6 巡航控制系统

A.6.1 介绍

这个子附录给出了一个巡航控制系统的模型，包括物理交互（线性和角动量）和信号流（控制和传感信号）。

A.6.2 系统建模

车辆巡航控制总系统包括车辆、其运行环境和所涉及的物理和信息过程，见图 A.67，巡航控制系统示例（系统组件之间的物理交互用实线双向箭头表示，信号流用虚线单向箭头表示）。

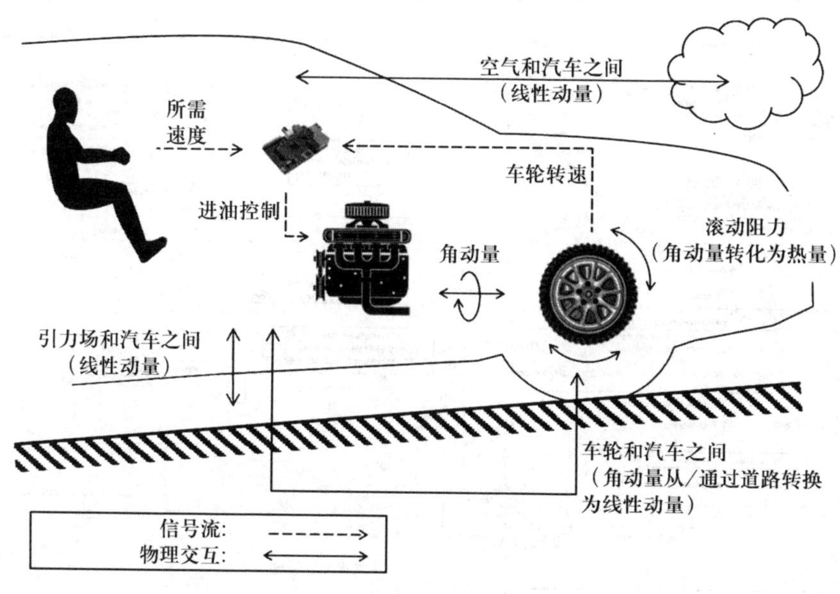

图 A.67 巡航控制系统示例

A.6.3 内部结构

图 A.68 表明 CruiseControlTotalSystem 块的内部结构。构件特性、类型为附录 A.6.4 中定义的块，用来表示系统的组件。他们之间相互连接或通过端口互相连接来表示它们之间的物理交互或信号流动。连接器上的项流表示通过它们的信号类型或守恒物理特性。信号控制发动机角动量的产生，巡航控制器（speedController）接收来自驱动器（driver）和车轮（impelle）的速度信号，前者是目标速度，后者是当前速度。巡航控制器通过向发动机（powerSource）发送一个包含注入发动机所需燃料量的信号来确定速度调整。角动量通常从发动机流向车轮，通过与道路的交互，转换为线性动量回到汽车。这在图 A.69 中显示为车轮和车辆之间的连接器，由指定转换的关联块支持，以及车轮和道路之间的另一个连接器，以描述两者之间的接触。车辆的线性动量还受到重力（gravVehicleLink）和周围空气（atmosphere）的影响，如图 A.68 所示，车辆和这些组件之间的额外连接器。

SysML 初始值指定为内部块图中使用的组件特性值。图 A.68 表明每个系统组件的初始值和单位（在附录 A.6.4 中定义的特性）。车辆给出它的横截面面积，阻力系数和质量。驾驶员指定有关车辆速度的决策值。巡航控制器给出它的比例积分器和油门加速系数，以确定注入发动机的燃料量。发动机指定它的扭矩系数，这与车辆的齿轮和曲轴有关。因为存在滚动阻力，车轮有半径和角动量耗散系数。地球指定重力和大气的密度，路给出决定坡度的数值。初始值直接在 CruiseControlTotalSystem 上指定，也可以在特化过程中进行指定，在不修改原始系统模型的情况下定义多个测试用例。对于初始值的另一种选择是在块类型系统特性上使用默认值（见附录 A.5.9）。

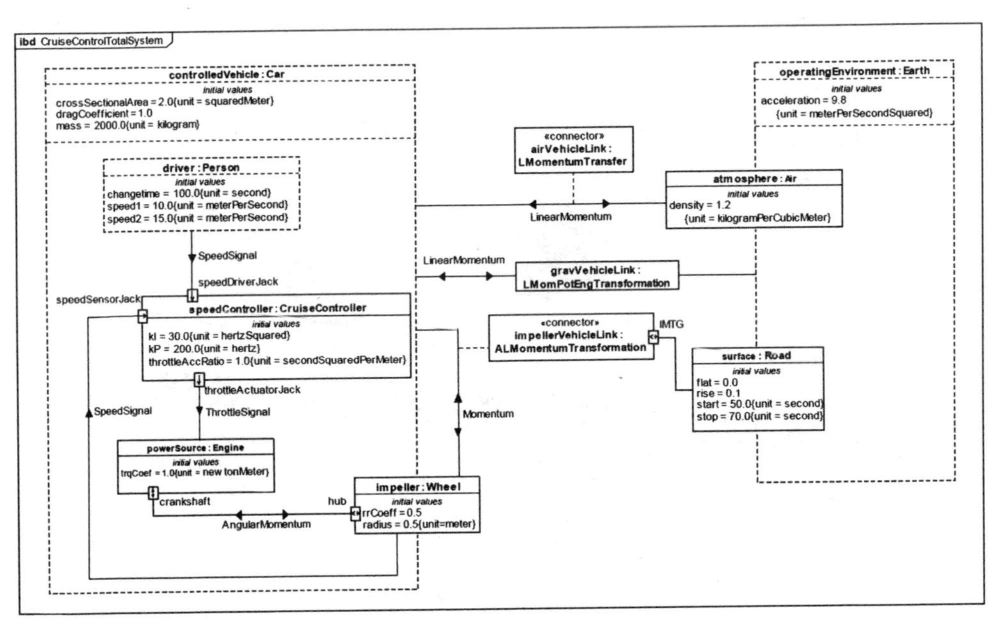

图 A.68　巡航控制系统的内部结构

A.6.4　块和端口

图 A.69 的总体系统块、端口和组件特性表明图 A.68 中 CruiseControlTotalSystem 组件的块定义。图 A.70 和图 A.71 表明车辆与周围空气和重力之间物理交互的详细定义，图 A.73 和图 A.72 表明车轮和车辆和发动机之间的物理交互。图 A.74 表明车辆信号流的定义。许多组件有自己的行为，其定义为附录 A.6.6 中的约束。

图 A.70 中定义了涉及车辆和周围空气交互的组件（车辆和地球的端口类型为

Air）。它们由物理交互库中的 LMomFlowElement（见 11.2.2 小节）泛化生成，并通过关联链接 LMomentum Transfer，这也是块关联，在图 A.70 中用虚线指出（库一侧的关联端属于关联本身，以避免修改库元素）。关联块表示车辆与周围空气之间的线性动量传递。LMomentumTransfer 的内部结构在附录 A.6.7 中定义（关联块相关内容见 9.2.2 节）。

图 A.71 中定义了涉及车辆与地球重力交互的组件（车辆及其在地球重力场中的势能，LMomPotEngTransformation），它们是通过物理交互库的 LMomFlowElement 来泛化的，并由一个关联来链接。线性动量和势能之间的转换并不是用车辆和地球之间的关联来建模，它强调转换为势能的动量仅能转移回车辆，而不是转移到空气中可以转移到其他物体的动量。与地球的连接器反映了它在线性动量和势能之间转换的关系，即使地球太大而无法接受或提供动量。连接器还提供对交互方程所需的特性的访问，例如地球的引力和道路的坡度，见附录 A.6.6 和 A.6.7。LMomPotEngTransformation 的内部结构在附录 A.6.7 中定义。

图 A.72 表明车轮角动量和车辆线性动量之间转换的组件（车辆、道路和车轮）。车辆仍然由之前使用的 LMomFlowElement 泛化生成，车轮通过接口块 AMomFlowElement 泛化生成，AMomFlowElement 通过物理交互库中的 AMomFlowElement 泛化生成（见 11.2.2 小节）。库中的 LMomFlowElement 和 AMomFlowComponent 组件由一个关联进行链接，该关联也是一个块 ALMomentum Transformation，由虚线指示（关联端属于该关联，以避免修改库元素）。关联块表示车轮的角动量和车辆的线性动量之间的转换。它有一个端口 lMTG，类型为 LMomentumGround（通过 LMomFlowElement 进行泛化），用于连接到那些太大的物理对象，这些对象无法接受或提供线性动量，例如道路（用 LMomentumGround 进行实例化），这些连接在图 A.68 中出现，表示道路参与角动量和线性动量之间的转换。AMomFlowComponent 组件的内部结构在附录 A.6.7 中进行了定义。

在车辆内部组件之间传递角动量的组件如图 A.73 所示（发动机和车轮，分别通过曲轴和轮毂端口）。曲轴和轮毂端口类型来自于物理交互库中的 AMomFlowElement（曲轴和轮毂被建模简化为接口块）。

库块 AMomFlowElement 和 LMomFlowElement 分别具有流特性 aMomF 和 lMomF。类型为块 FlowingAMom 和 FlowingLMom（也来自这个库）表示物理守恒特性的流，并给出流变量和势变量（*trq*，*aV* 和 *f*，*lV*）。模型直接在库块或继承它们的专用块上使用这些变量。

在车辆中发送和接收信号的组件如图 A.74 所示（司机、车轮、发动机以及航控制器，信号通过端口进行交互）。两个巡航控制器端口接收给驾驶员设定的速度和车辆当前的速度信号，而第三个端口则向发动机发送信号，设定燃油喷射速率。巡航控制器上的速度端口类型为接口块 SpeedInFlowComponent，以接收来自驱动和车轮的信号，这些信号通过专门的 SpeedOutFlowComponent 组件发送。巡航控制器上的节流阀执行器端口类型为接口块 ThrottleOutFlowComponent，向发动机发送燃油喷射信号，由专门的节流组件 ThrottleInFlowComponent 接收。

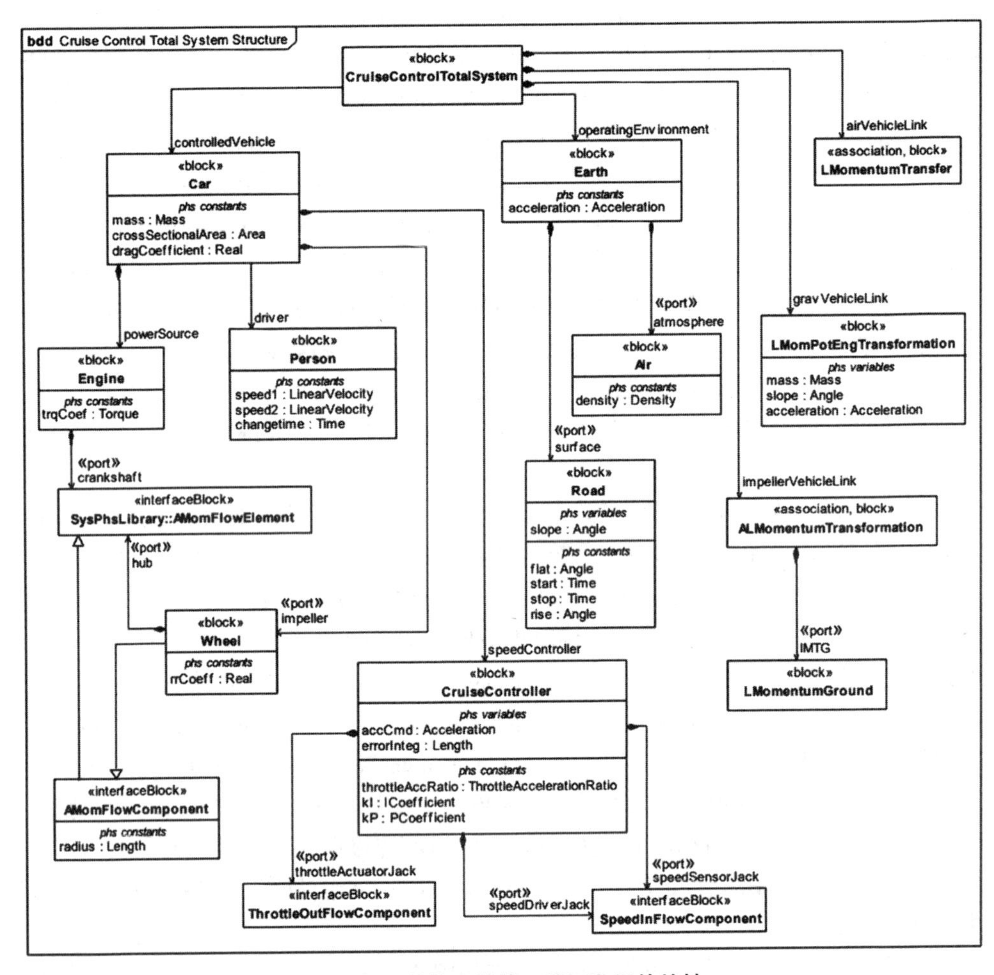

图 A.69　整体系统块、端口和组件特性

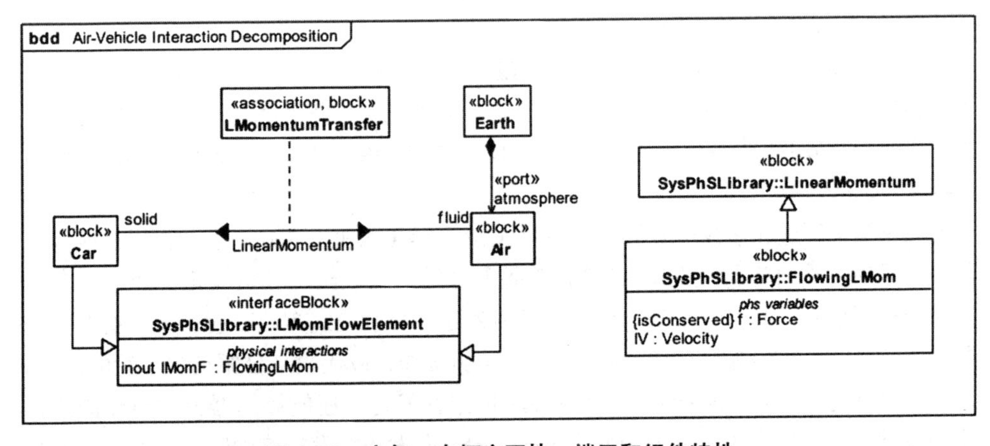

图 A.70　空气－车辆交互块、端口和组件特性

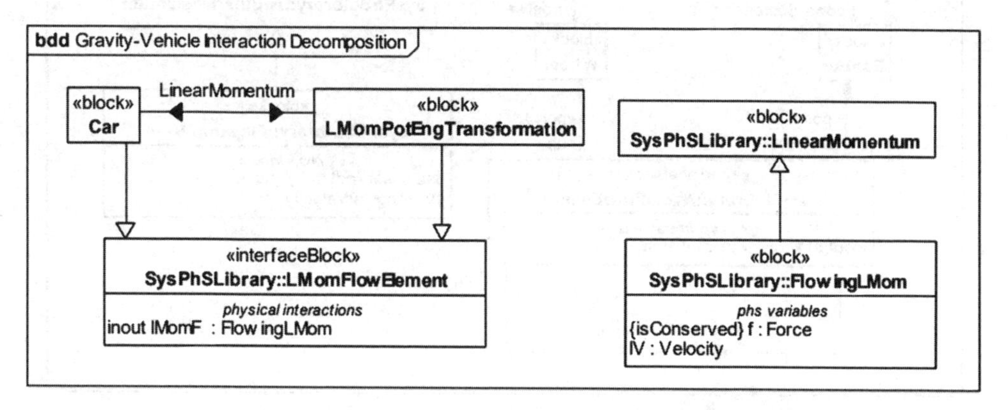

图 A.71 重力 – 车辆交互块、端口和组件特性

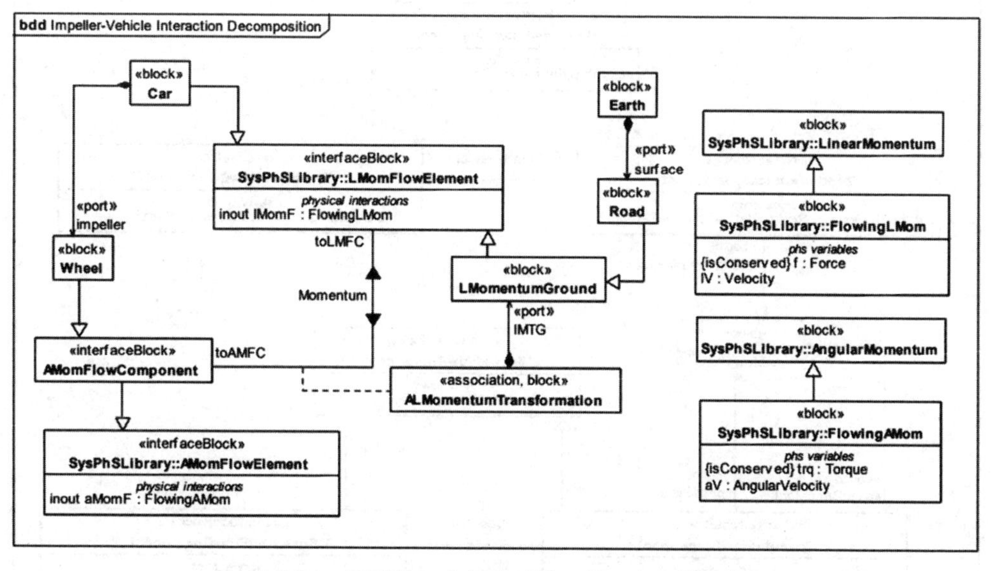

图 A.72 驱动轮 – 车辆交互块、端口和组件特性

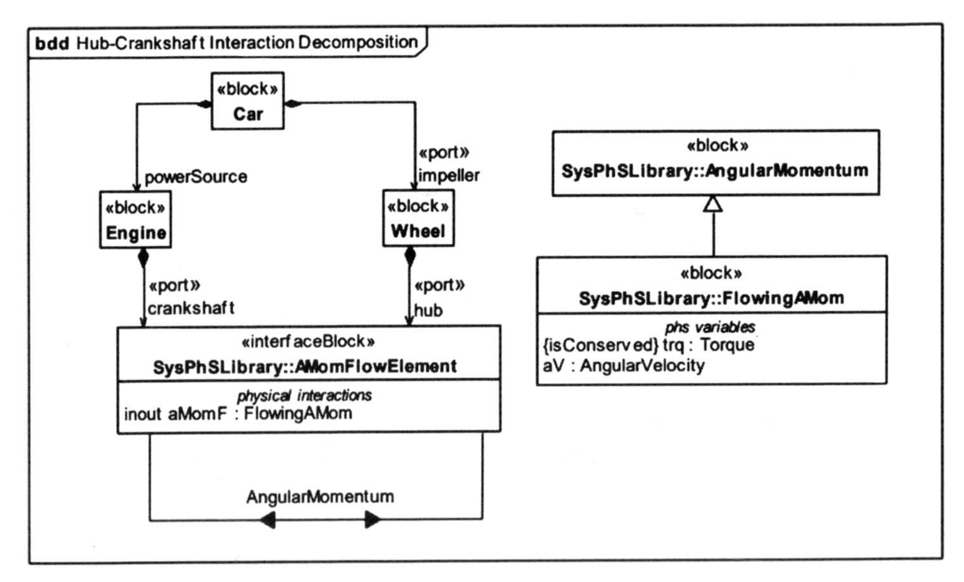

图 A.73　轮毂 – 曲轴交互块、端口和组件特性

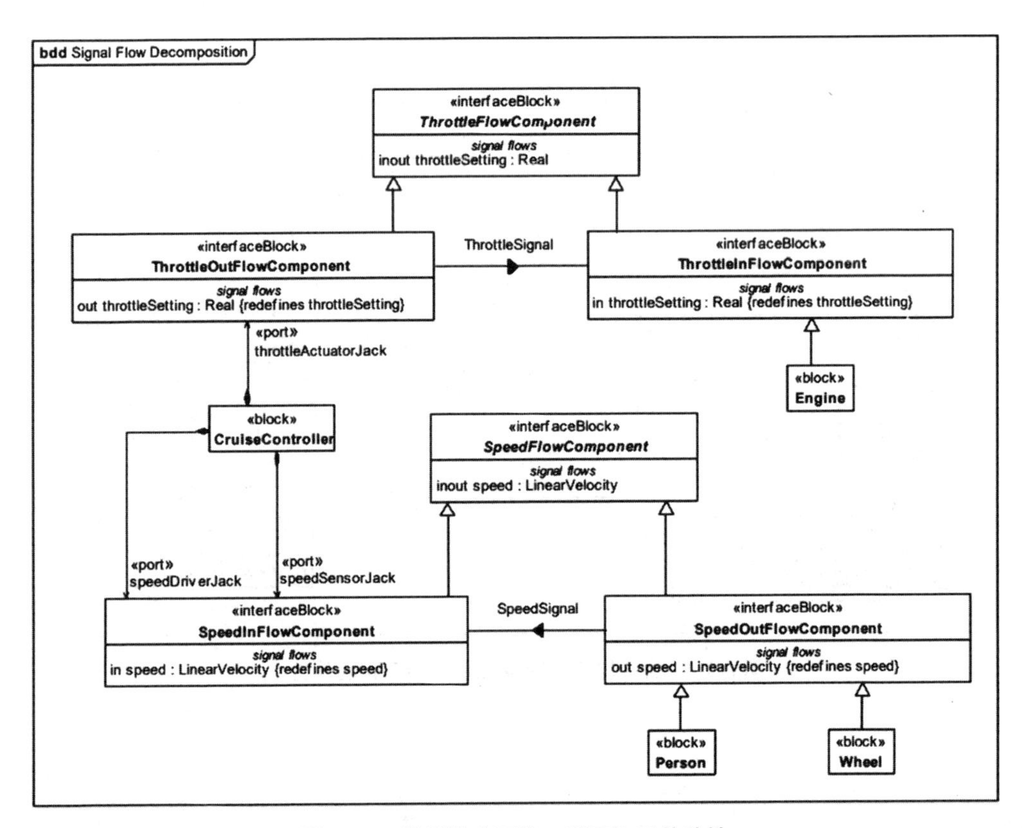

图 A.74　信号流交互块、端口和组件特性

A.6.5 特性（变量）

信号流是指系统组件之间数字的移动。这些数字可能反映或不反映物理量，在这个示例中，它们没有反映物理量（见附录 A.5 中的示例）。进出组件的信号是通过端口来进行建模的，端口的类型为接口块，具有类型为数字的流特性。在本例中，信号流端口的类型为 SpeedInFlowComponent、SpeedOutFlowComponent、ThrottleInFlowComponent 或 ThrottleOutFlowComponent。SpeedInFlowComponent 和 SpeedOutFlowComponent 是由块 SpeedFlowComponent 泛化得到，具有流特性 speed，其类型为 Linear Velocity，如图 A.74 所示。ThrottleInFlowComponent 和 ThrottleOutFlowComponent 是由块 ThrottleFlowComponent 实例化得到，具有流特性 throttleSettling，其类型为 Real，并且来自于 SysML，如图 A.74 所示，这个值没有单位，反映了信号不是物理量的测量量，也不遵循守恒定律。

物理交互是实体物质在系统组件之间的运动，根据物质的守恒特性进行建模。在这个示例中，线性动量和角动量在车辆行驶过程中是守恒的（动量在没有相关物质的情况下运动），在车辆和环境之间存在运动的驱动力以及来自于重力和周围空气对环境的扰动。运动通过数值变量流率和流势来描述物质流动的守恒特性。在这个示例中，线性动量和角动量的运动用力和扭矩变量来表示流率，用线速度和角速度变量来表示流势。流变量是守恒的（多个交互端的代数值之和为 0），势变量不是守恒的（多个交互端的代数值是相等的）。建模分为三个构件：

- 物理守恒特性以块的形式进行建模，直接从物理交互库中的 ConservedQuantityKind 进行特化（见 11.2.2 小节），本例中为 LinearMomentum 和 AngularMomentum。
- 流变量以特性的形式进行建模，特性应用了 PhSVariable 构造型，并直接从守恒种类块中进行特化。在这个示例中，线性动量流变量和势变量分别是 *f* 和 *lV*（f 标记为守恒量），它们分别是由力和速度构成的，它们都来自物理交互库。同样地，角动量流率和势变量分别表示为 *trq* 和 *aV*（*trq* 标记为守恒型）。类型分别为 Torque 和 Angular Velocity。
- 组件的进出流通过端口来进行建模，端口的类型为接口块，具有流特性，类型为流守恒量类型。在这个示例中，端口的类型为物理交互库中的 LMomFlowElement 或 AMomFlowElement，它们分别具有由 FlowingLMom 类型化的流特性 lMomF 和由 FlowingAMom 类型化的流特性 aMomF，如图 A.70 到图 A.73 所示。

在图 A.69 中，整体系统块、端口和组件特性块 LMomPotEngTransformation、Road 和 CruiseController 都具有使用 PhSVariable 构造型的特性，表明这些特性的值在仿真过程中可能会发生变化。块 Car、Earth、Engine、Person、Air、Road、CruiseControlle 和 AMomFlowComponent 都具有使用 PhSConstant 构造型的特性，表明指定这些特性的值在仿真运行期间不会改变。

A.6.6 约束（方程）

方程定义了数值变量值之间的数学关系。SysML 中的方程是约束块中的约束，通过使用块（参数）的特性作为变量。在本例中，图 A.75 中的每一个约束块分别为图 A.69 中的组件块定义参数和约束（Car、Air、LMomPoteEngTransformation、Wheel、

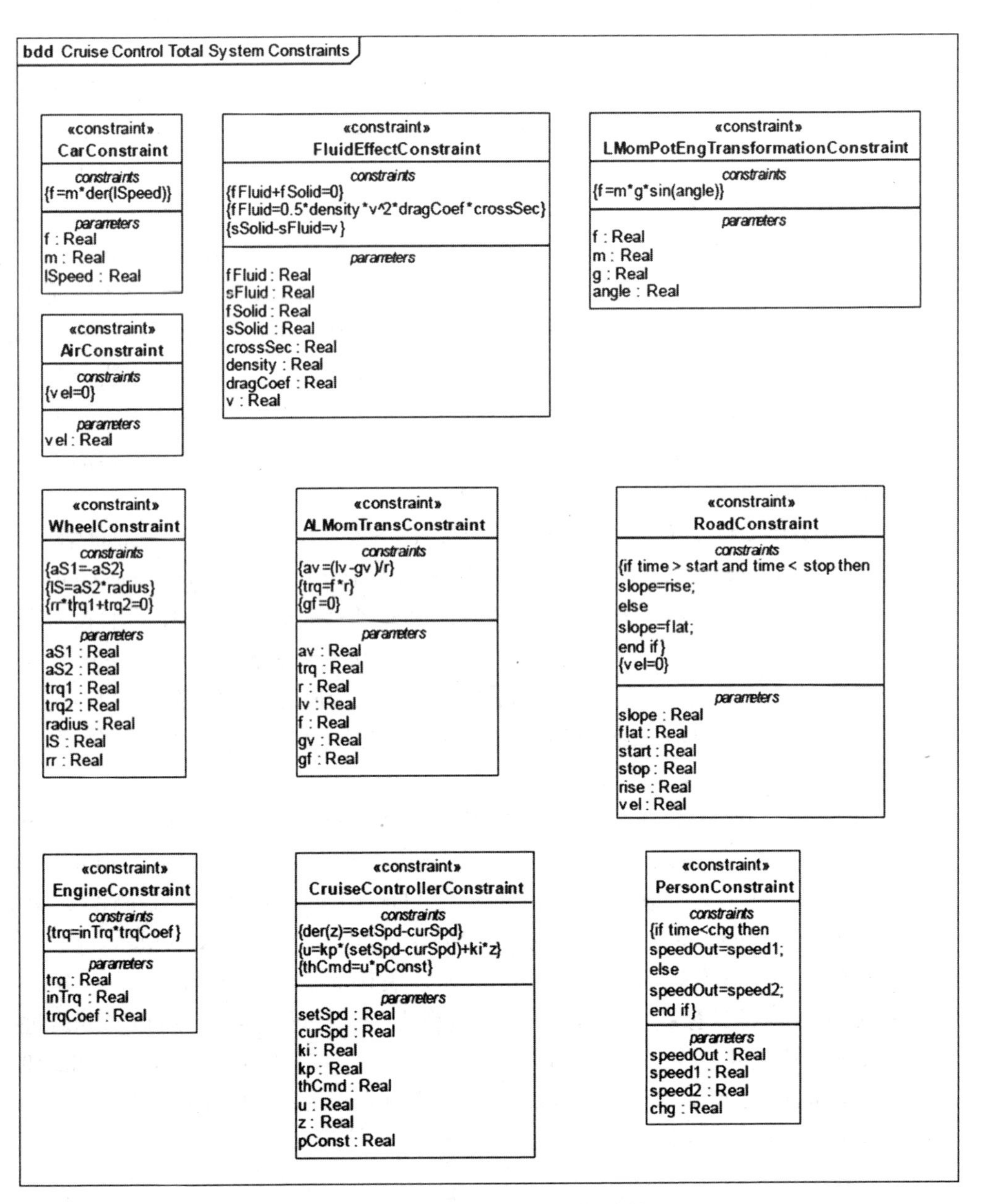

图 A.75　巡航控制总系统约束块

Road、Engine、CruiseController 以及 Person）。组件的约束块是根据它们所约束的组件来命名的。约束块 ALMomTransConstraint 定义与块 ALMomentumTransformation 相关联的参数和约束，FluidEffectConstraint 定义与块 LMomentumTransfer 相关联的参数和约束。Air、Road 和 Person 的约束不像其他块那样是普遍适用的方程。它们仅适用于空气静止（没有速度）的情况，还适用于一个特定的坡度，道路坡度在两个不同的时间变化，司机在两个不同的时间戳改变车辆的速度。为了简洁起见，使用约束块中的参数来定义场景，但是它们的特性也可以通过块特性重新定义（附录 A.5.9）或内部块图中的初始值定义（附录 A.4.3）。

约束块 PersonConstraint 和 CruiseControllerConstraint 指定对通过其各自组件块移动信号的操作。巡航控制器约束计算出从车辆当前速度到驾驶员期望车速的最佳燃油喷射速率。所有其他约束都指定物理量是在车辆中的组件之间（发动机和车轮之间的角动量）交互，或是车辆与其环境之间（车轮的角动量与车辆或空气的线性动量之间，与势能之间，或与车轮滚动阻力产生的热量之间）交互。

A.6.7 约束特性和绑定

在组件参数图中，约束块中的方程使用绑定连接器应用到组件上。组件参数图表明约束块类型的特性（约束特性）以及组件、端口、仿真变量和常数。绑定连接器将约束参数链接到仿真变量和常数，表明它们的值必须相同。图 A.76 到图 A.83 分别表明车辆、空气、线性动量和重力势能之间的转换、车轮、道路、发动机、巡航控制器以及人的参数图。

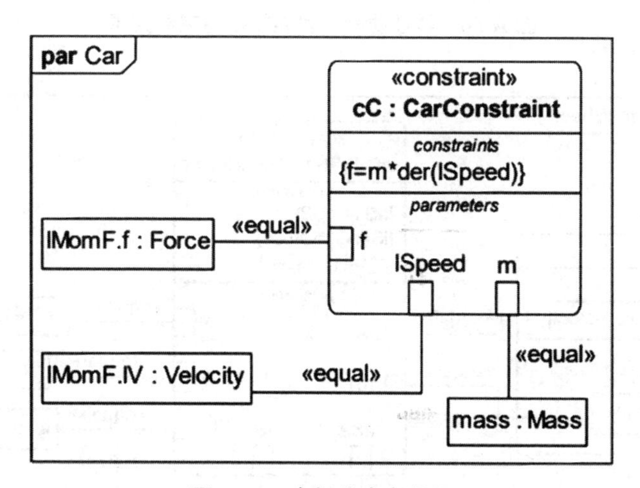

图 A.76　车辆约束参数图

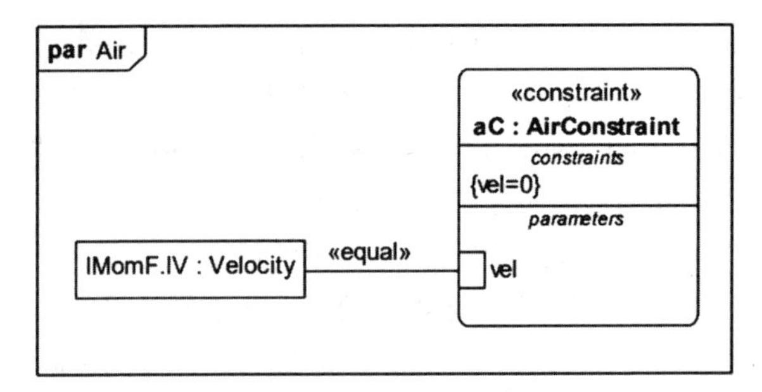

图 A.77　空气约束参数图

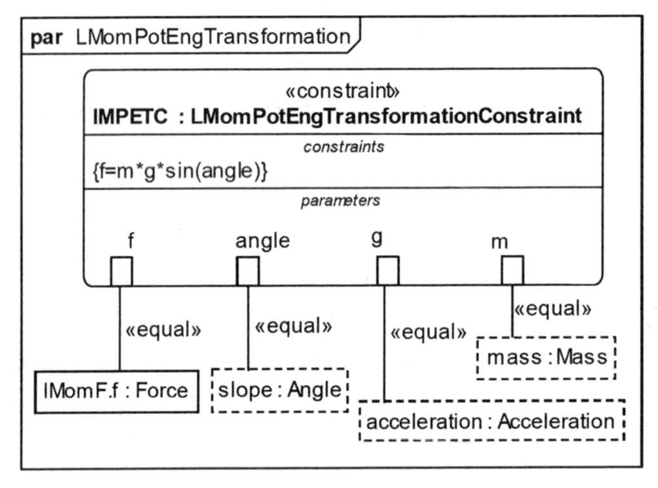

图 A.78　线性动量 – 势能转换约束参数图

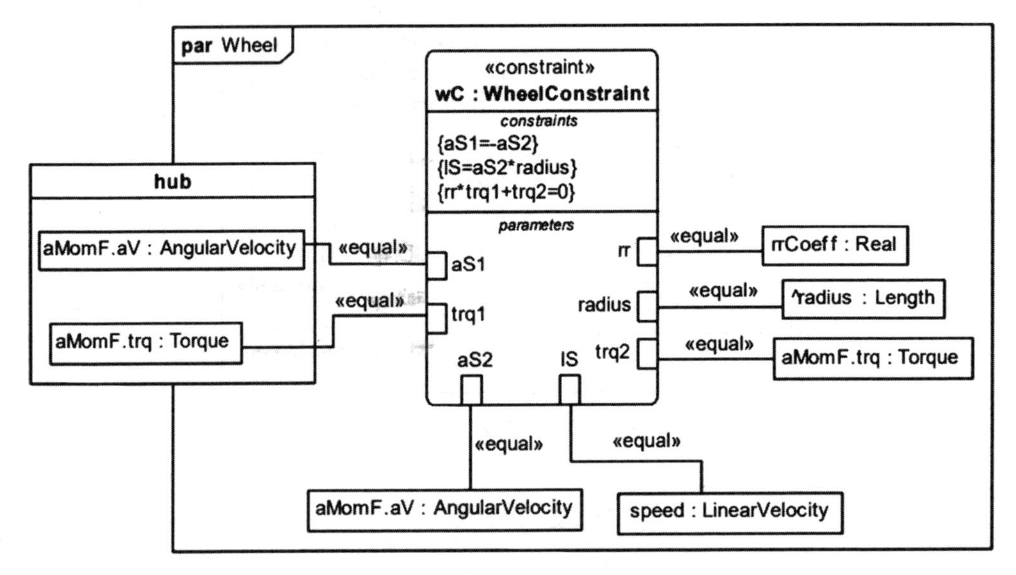

图 A.79　车轮约束参数图

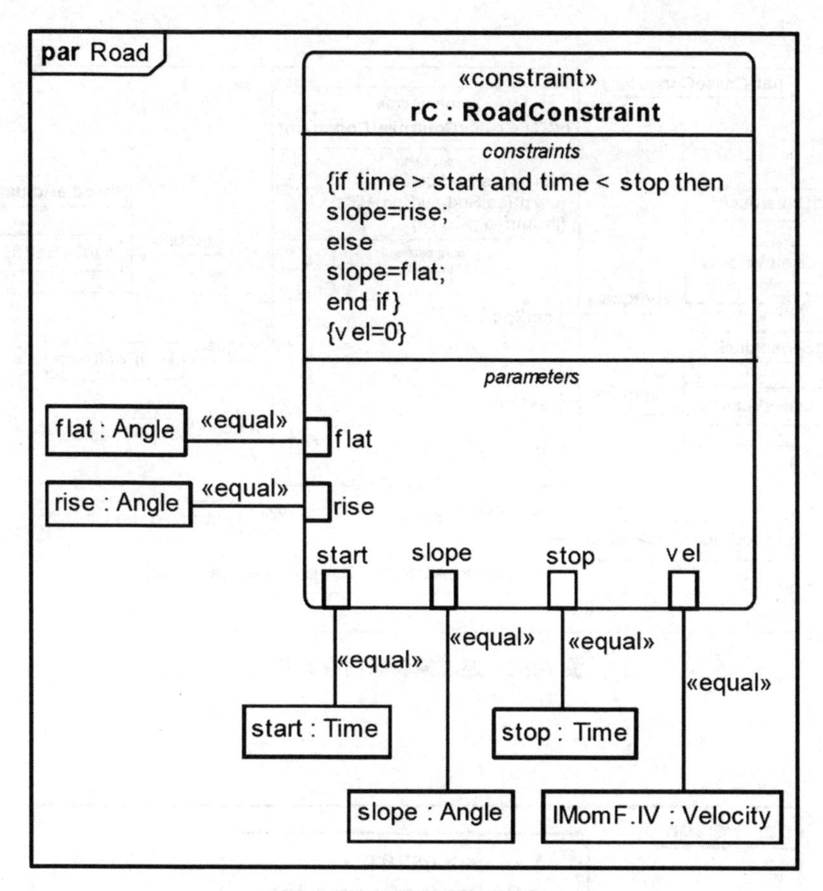

图 A.80　道路约束参数图

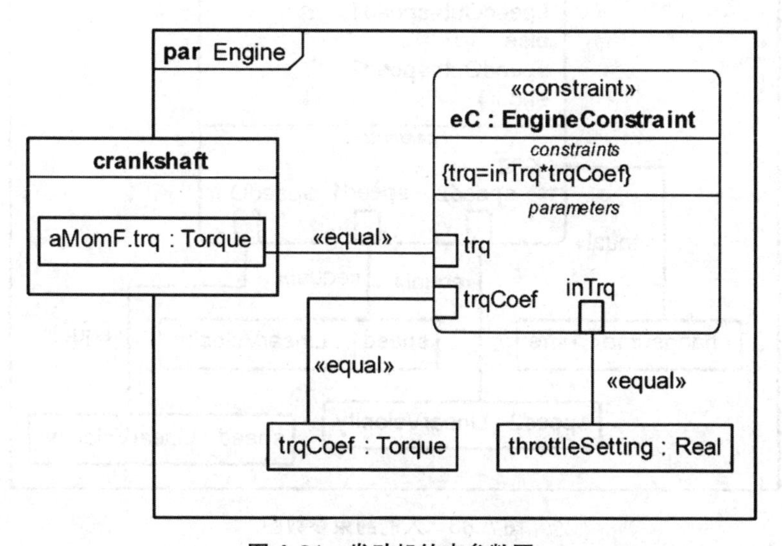

图 A.81　发动机约束参数图

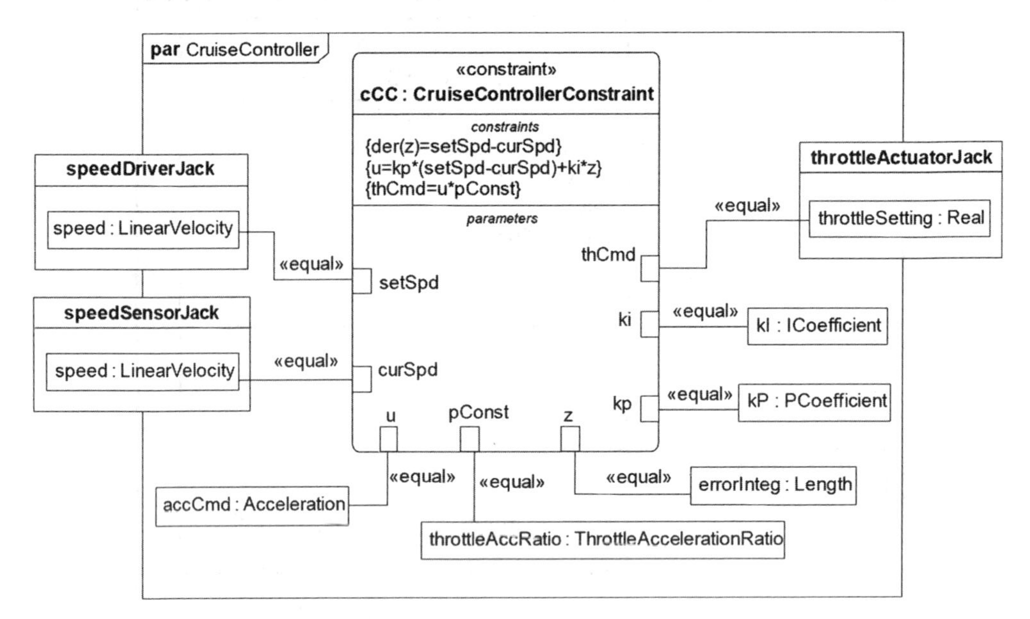

图 A.82　巡航控制器约束参数图

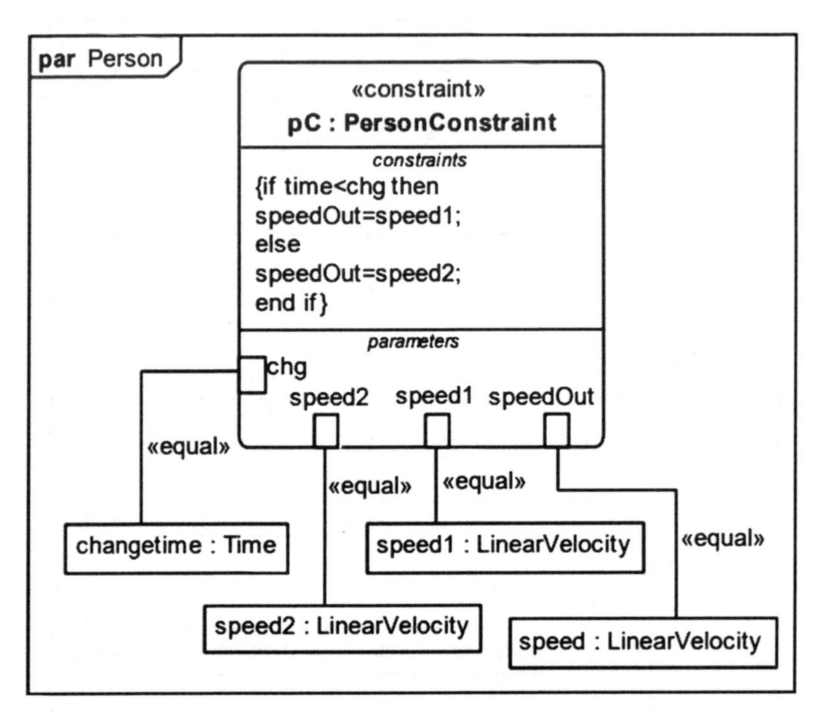

图 A.83　人的约束参数图

图 A.84 和图 A.85 是关联块内部块图，而不是组件参数图，用以包括除绑定之外的连接器。这些图将关联链接的块（参与者）的特性绑定到关联中的块的变量和常量。

图 A.86 展示了图 A.68 中独立组件上的一些值特性之间的绑定。例如，在重力势能块中使用了车辆和地球构件的某些性质的值。

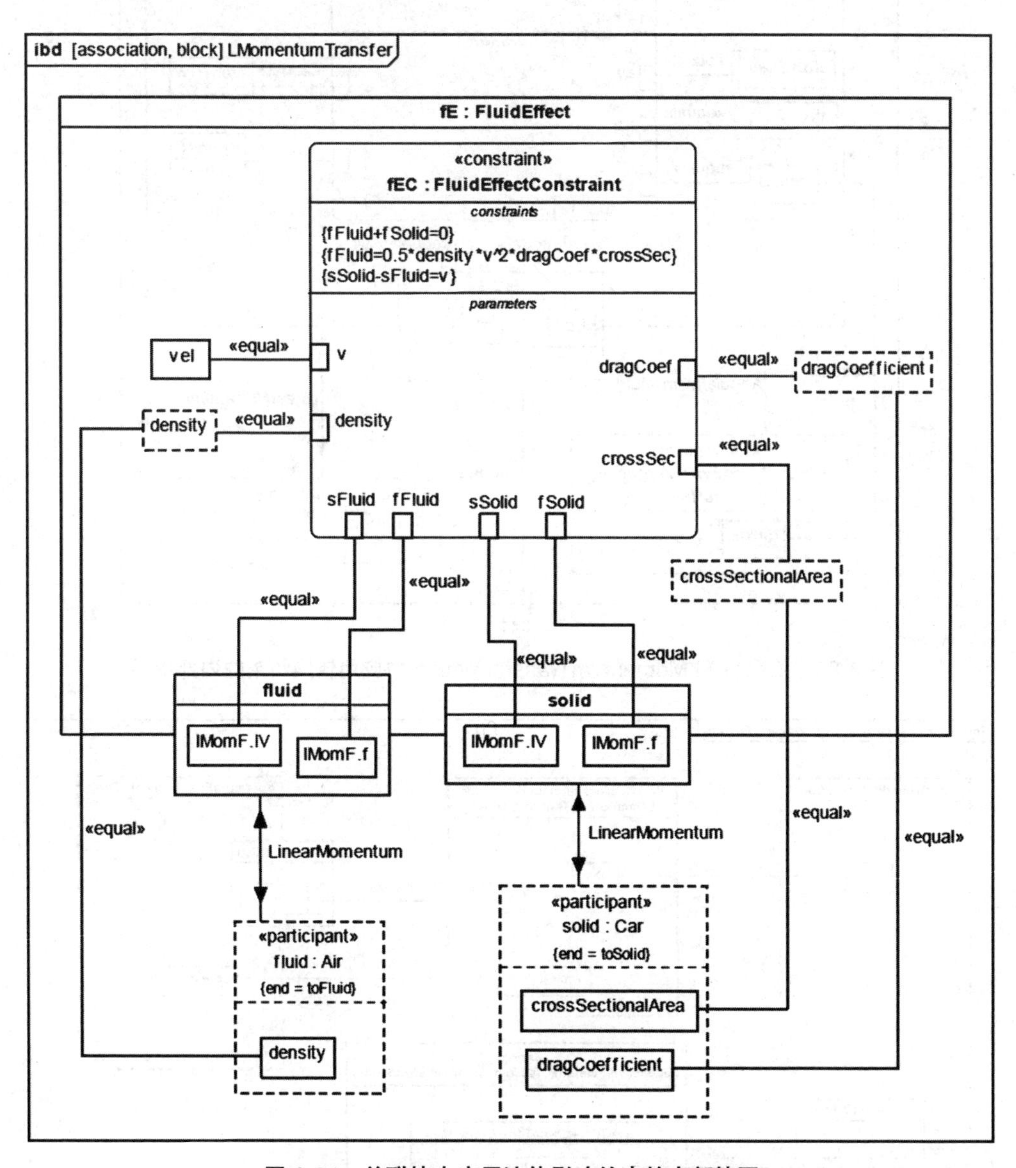

图 A.84　关联块中应用流体影响约束的内部块图

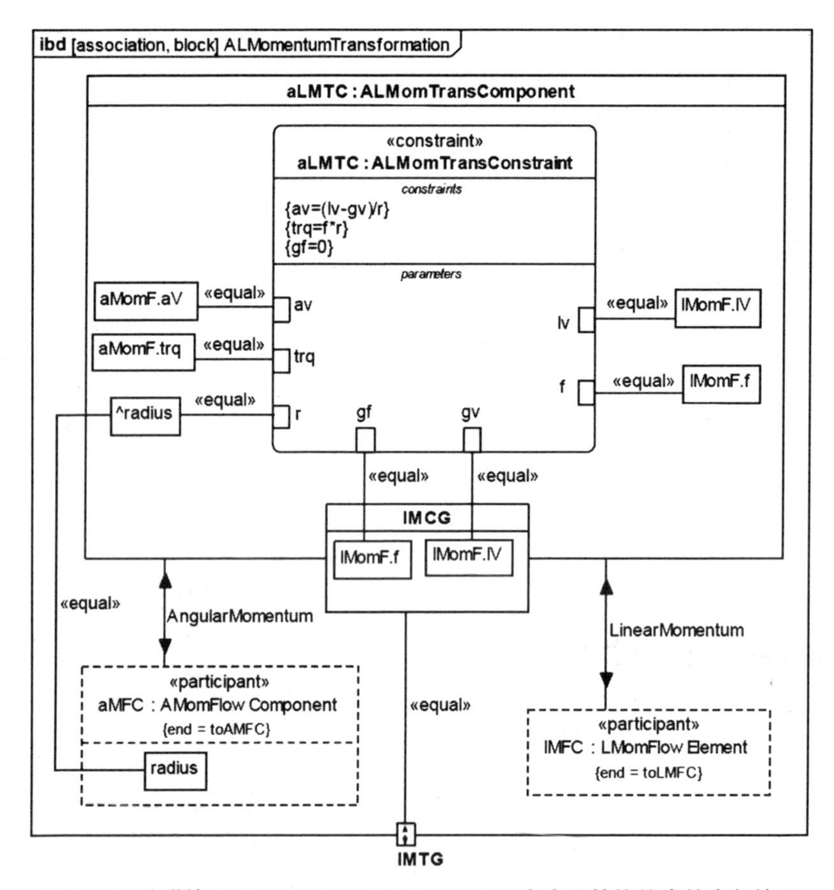

图 A.85　关联块 ALMomentumTransformation 中应用转换约束的内部块图

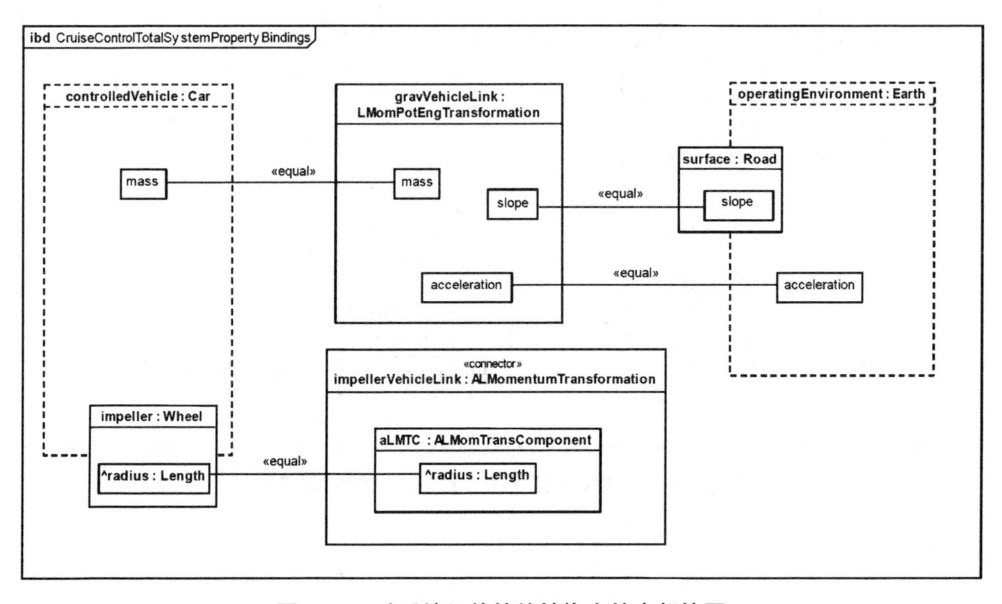

图 A.86　跨系统组件的特性绑定的内部块图

附录 B：与平台无关的调试（非规范）

B.1 介　绍

在系统模型开发的早期阶段，识别错误的原因，并防止其传播到（可能是多个）仿真模型之前是有帮助的。它还可以在特定学科的专家专注于他们自己的模型和工具中的系统部分之前，验证并增强对系统模型中捕获的关系的理解。任何不是由于使用 SysML 或其扩展、转换器或仿真器执行引擎造成的错误都将出现在源 SysML 模型中。

本附录概述了与平台无关的 SysML 模型物理交互和信号流在转换到仿真平台之前的调试过程。它们旨在补充这些平台上现有的调试技术。

故障类型影响识别和修复错误所需的调试过程。本附录涉及修正在下列过程中可能导致失败的系统模型错误：

- 从系统模型转换的仿真模型时编译或执行失败；
- 仿真执行中未产生预期的结果。

由于不正确地使用 SysPhS 或 translator 构造，造成从扩展的 SysML 模型到仿真的转换失败不在本文讨论范围内。

导致仿真失败的错误源自系统模型结构，这些错误说明建模者的设计并不正确地支持仿真。基础方程可能是不一致的，包括过度约束（方程比变量多）或欠约束（方程比变量少）。该模型可能包含将零作为分母的方程，函数在它们的实域之外被调用（例如负数的平方根），或者其他错误的符号变换。

导致仿真产生非预期结果的错误源于系统模型的含义。这些错误反映了期望行为和仿真执行之间的差异。尽管一些错误可以根据所使用的仿真工具自动识别（例如变量值超出范围），但在尝试验证仿真结果后，也可以手动发现这些错误。这些错误可能来自不正确的方程、不正确的参数或初始化值以及不正确的函数调用。错误也可能是由于与正在使用的解决方案的集成错误，但这类错误在本附录中不予考虑。

调试物理交互中的错误比调试信号流中的错误更加复杂，因为按照命令序列或操作的顺序执行不适用于双向关系（关于物理交互的双向性见 6.1 节）。物理交互中的调试错误必须检查模型中的变量转换链（变量的数学运算以给其他变量赋值）。

本附录介绍了用于 SysML 系统物理交互模型和信号流模型的两种调试技术，这些技术旨在将模型准确地转换为仿真平台：

- 静态调试识别导致无法将仿真模型编译为可执行代码的错误。这些技术通过跟踪模型中变量（符号）转换，以识别错误的部分。

- 动态调试识别导致仿真产生意外结果的错误。这些技术包括在执行过程中对模型进行交互检查，以便在仿真的时间内记录变化的变量值。它们必须在静态调试技术之后使用，以确保模型能够被编译为可执行代码。

本附录的其余部分概述应用于车辆巡航控制系统示例的调试过程，该示例来自附录 A.6。

B.2 预处理：简化模型

如果仿真模型不能正确地编译或执行，则可以通过组件之间的连接器链跟踪来识别原因。这是静态调试技术的基础，并有助于动态调试。将物理交互和信号流连接器分别移动到单独的模型中可以简化调试。在复制完整模型中产生的结果修复之前，可以分别调试这两个更简单的模型，这比一次性调试整个模型要简单。

首先，通过删除原始模型内部块图（IBD）中不表示物理交互的所有连接器来创建仅有物理交互的模型（首先保存原始模型的一个单独副本）。任何不在其余连接器末端的剩余构件、端口或不拥有处于末端的端口剩余的连接器也被移除。图 B.1 显示了仅有物理交互巡航控制系统示例的内部结构。

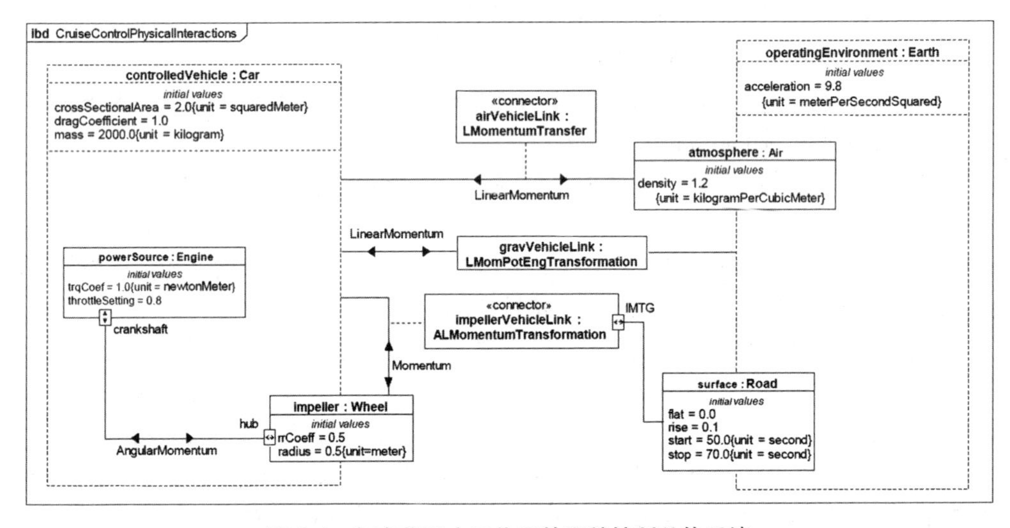

图 B.1　仅有物理交互作用的巡航控制总体系统

接下来，在剩余部分或端口的参数图中，删除确定绑定到（信号流）out-flow 特性的变量（约束参数）的方程（约束）（有关信号流和物理交互的流特性的讨论，见第 7 章）。同时删除与这些 out-flow 方程上的变量绑定的部分或端口特性。用常量值替换在构件或端口上绑定到 in-flow 中特性的任何剩余方程变量，或者直接在约束中用常量值替换参数，或者引入具有常量默认值或实例值的 PhSConstant 特性的绑定（赋值示例语句见 10.2 节）。图 B.2 是描述图 B.1 中的一个组件的参数图，这些更改是针对仅有物理交互的模型进行的。

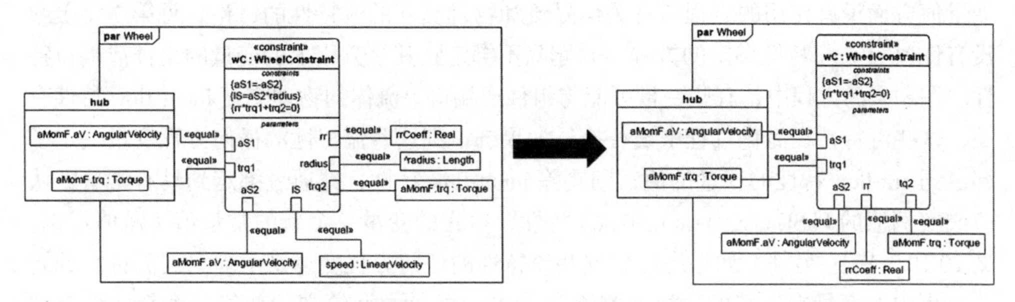

图 B.2　表明相同组件的两（2）个参数图（仅有物理交互模型更改前后）

一个单独的信号流系统模型是首先通过删除原始模型 IBD 中不代表信号流的所有连接器（同时保存原始模型的一个单独副本）来创建的。还要删除不在剩余连接器末端或者不拥有位于连接器末端的任何剩余部分或端口。图 B.3 展示了一个仅有信号流的原始巡航控制总系统模型的 IBD 。

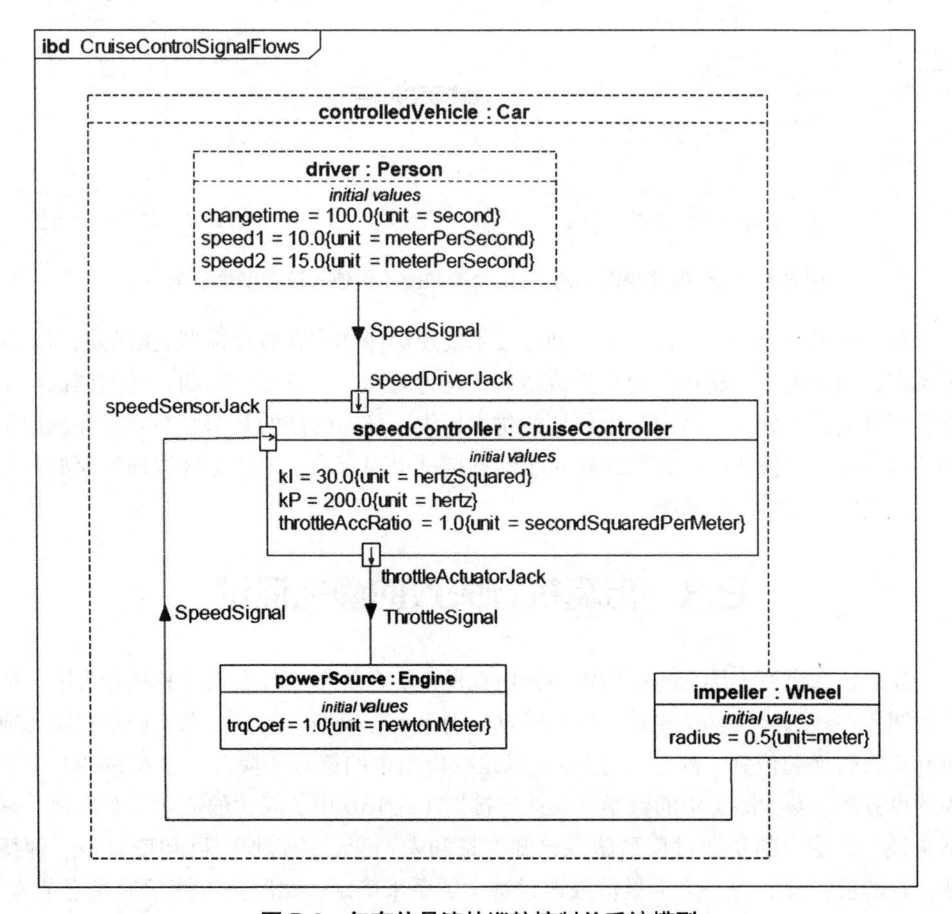

图 B.3　仅有信号流的巡航控制总系统模型

接下来，在剩余组件或端口的每个参数图中，删除在确定绑定到 out-flow 特性的变量值方面没有作用的方程（有关信号流和物理交互的流特性的讨论，见第 7 章）或没有任何 in-flow 特性绑定的方程。并删除不绑定到其余方程上的变量的组件或端口特性。在剩余的方程中，有些变量可能与组件或端口上流体的物理交互 inout-flow 特性有关，这些流特性在简化过程中被替换。如果绑定到这些流特性的任何方程变量决定了绑定到 out-flow 特性的变量的值，则删除 inout-flow 特性，并通过绑定到具有常量默认值或实例值的 PhSConstant-stereotyped 特性，给它的变量一个新的常量值（赋值示例，见 10.10.2 节）。另外，如果绑定到这些流特性的任何方程变量是由绑定到流特性的同一方程中的变量来决定的，那么删除 inout-flow 特性，并给它的变量一个新的绑定到一个具有 PhSVariable 变量的新的特性（有关将变量值和常量值构造型应用于特性的讨论，见 10.6.2 小节）。

图 B.4 描述了在图 B.1 中组件进行这些更改前后的参数并化图，用于表示仅有信号流的模型。

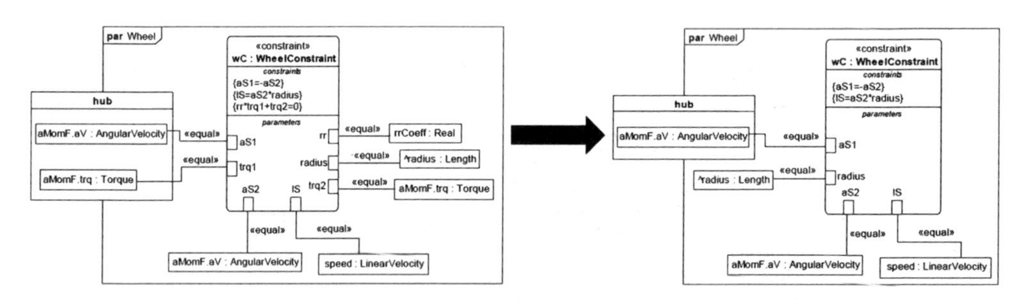

图 B.4　表明相同组件的两（2）个参数图（仅信号流模型更改前后）

最后的部分介绍了调试技术。静态技术发现编译和仿真转换模型失败的原因。这种类型的故障阻止从转换的模型生成仿真的运行时间。一旦编译成功，动态调试技术就会识别失败的原因，从而产生预期的仿真行为。静态调试的基本思路是跟踪模型中的符号转换以查找错误。转换跟踪对于动态调试也很有用，以便更好地理解模型和与仿真相关的潜在错误的来源。

B.3　仿真执行失败的静态调试

如果仿真模型（从系统模型转换到仿真模型）在仿真平台上编译和执行失败，那么表明存在静态错误。这些错误可以通过应用于系统模型的调试技术来识别，而无须对其进行转换和仿真（静态）。这些技术跟踪模型中的符号变换链，这在 SysML 中作为约束方程（参数图）中的数学关系或连接器（在 IBD 中）隐含的数学关系出现。具体来说，跟踪指的是通过模型跟踪已知变量和未知变量的转换。已知变量是一种特性，它的值被分配为一个常量值或通过数学关系来确定。跟踪是以簿记形式记录的，在模型中对这些变量进行操作时，它记录这些变量的已知或未知状态。

静态调试可以在完整的系统模型上执行，但是这里描述的是系统物理交互和信号流的简化补充模型。对于物理交互的模型，第一个任务是识别 IBD 图中首先发生物理交互的组件、端口或连接器特性，或者在系统中被初始化的其他物理交互。物理交互同时发生的多个组件和端口可以初始化进一步地交互，并且可以任意选择任何一个来开始跟踪。数学转换的跟踪和记录从与此选定组件或端口相关联的特性开始。在许多情况下，决定哪个系统组件开始物理交互相对容易。例如，电路中电荷流动的发起者是电压源或电流源。在图 A.68 和图 B.1 所示的 IBDs 巡航控制系统中，发动机中的节流阀在物理上启动了车辆与道路和空气的交互（这是在驾驶员的指令下进行的，但指令是信号流，而不是物理交互）。

当物理交互的发起者不明显时，可以检查 IBDs 中零件或端口的参数图。参数图包含了组件（或端口）特性与组件约束方程中的变量之间的绑定。除了给予仿真时间的 PhSVariables 变量，通过寻找组件参数图中应用 PhSConstant 构造型比应用 PhSVariable 构造型多的构件参数图（模型中的值由数学关系来决定）。与 PhSConstan 或时间特性绑定的方程变量（约束参数）在组件方程（约束）中被用来确定其他变量的值，这些变量与组件方程中使用的其他性质绑定。要找到一个发起者，搜索一个组件或端口，其中组件的大部分特性或端口特性与参数图中的常量或时间值绑定在一起。没有常量或时间值的唯一特性应该是流特性，它仅能通过连接器确定它们的值。启动物理交互的组件或端口具有这些流特性最少的组件或端口。

参数图中的跟踪绑定和约束有助于理解和跟踪（bookkeep）方程中的变量是已知的和还是未知的。约束方程表明已知变量之间的数学转换，绑定到具有已知值的特性、未知值的变量和未知值的特性。在仿真之前，唯一已知的变量是绑定到 PhSConstant 特性的变量，在仿真开始时绑定到给定（初始）值的变量，以及给出仿真时间值的特性。这将导致在物理交互启动部分的参数图中赋值给所有变量的值。这些变量的状态将改变，因为跟踪表明它们的值是通过约束或连接器分配的，这些约束是由簿记记录的。

在调试过程中，当前组件上的物理交互流特性链接到连接连接器另一端的构件或端口上的流特性。跟踪这些连接器，以确定是否将值分配给这些流特性，从而得到链接到当前构件的其他构件、端口和连接器特性的参数图。在这些参数图中重复同样的跟踪和簿记方法，以确定是否将值分配给未知变量，并找到导致新连接器和参数图的流特性。跟踪必须经过系统组件、端口和连接器特性的所有连接器和参数图。图 B.5 表明车辆发动机、巡航控制系统的物理交互初始化构件和其他物理交互系统 IBD（图 B.1）之间跟踪和簿记值分配的示例。总跟踪的簿记完成值分配的跟踪，图 B.5 的变量簿记在图后面的表中描述，簿记中的追踪与图形中的标记点（A、B、C、D、E 以及 F）相对应。

当一个系统模型转换满足以下条件时，则可以编译和仿真。

a）模型中所有的约束方程和连接器都被使用，以便在已知变量和未知变量之间进行数学转换。

b）具有通过数学转换仿真确定的所有特性值。

如果跟踪和簿记标识了一个没有使用的约束方程或连接器，系统就是被过度约束的。在这个场景中，建模者必须选择是否应该删除未使用的方程或连接器，还是应该包含和它们相关的新特性。如果存在没有用任何数学约束或连接器定义未知特性，那么系统就会受到约束。在这个场景中，建模者必须选择在新方程中使用这个特性或删除该特性。对方程的跟踪和簿记也有助于发现那些涉及零除法和在其定义域之外调用函数的约束方程。一旦对模型进行了修正，它们就会在原始系统模型中复制。

如果有一个信号流的互补模型，以类似的方式重复跟踪和簿记的过程，但是从没有内部流特性或没有内部流特性的端口的所有构件开始跟踪。这些构件的输入流特性表明它们从模型中的另一构件接收到单向信号，因此它们不能成为信号流的发起者。同样，这个模型中的修正（物理交互模型）也应该在系统的原始完整模型中进行复制。将修正的 SysML 模型转换并在仿真平台上进行测试，以确定是否需要更多的调试。

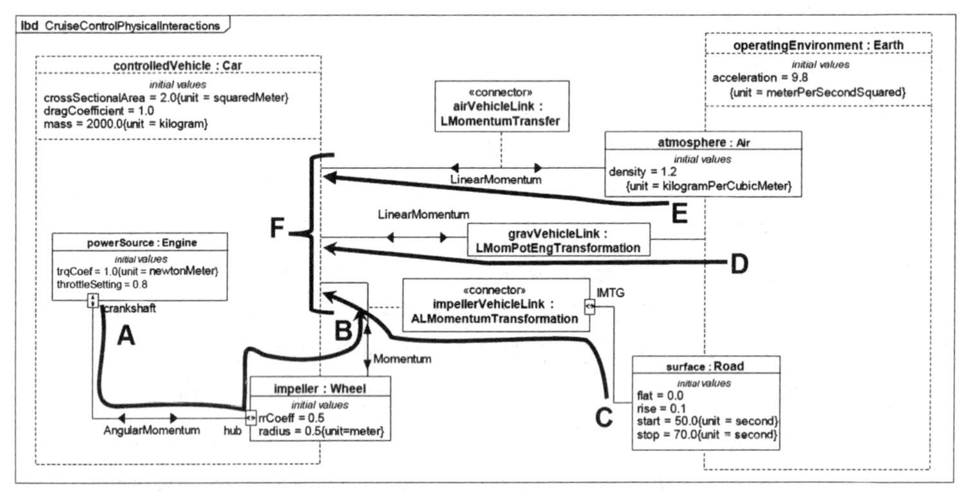

（a）

从 A 到 B 通过构件和端口的变量簿记									
电源	值已知?	曲轴	值已知?	轮毂	值已知?	叶轮	值已知	叶轮－车辆链接	值已知?
扭矩系数	☒	扭矩	☒	扭矩	☒	扭矩	☒	扭矩	☒
节流阀－设置	☒	角速度	☒	角速度	☒	角速度	☒	角速度	☐
						rrCoeff	☒	力	☒
						半径	☒	线速度	☐
								半径	☒
								地面－力	☐
								地面－线速度	☐

（b）

图 B.5　表明初始化物理交互组件（在 A 点）、跟踪方向、变量记录以及在通过跟踪发生的值分配（在 F 结束）

从 C 到 B 到 F 通过构件和端口的变量簿记							
表面	值已知?	1MTG（地面）	值已知?	叶轮 – 车辆链接	值已知?	受控车辆	值已知?
线速度	☒	力	☒	扭矩	☒	质量	☒
斜度	☒	线速度	☒	角速度	☒	力	☒
				力	☒	线速度	☒
				线性速度	☒		
				半径	☒		
				地面 – 力	☒		
				地面 – 线速度	☒		

（c）

从 D 到 F 构件和端口的变量簿记					
运行环境	值已知?	重力 – 车辆链接	值已知?	受控车辆	值已知?
加速度	☒	斜度	☒	质量	☒
		加速度	☒	力	☒
		质量	☒	线速度	☒
		力	☒		

（d）

从 E 到 F 构件和端口的变量簿记					
空气	值已知?	空气 – 车辆链接	值已知?	受控车辆	值已知?
线速度	☒	密度	☒	重量	☒
		横截面积	☒	力	☒
		风阻系数	☒	线速度	☒
		流体 – 线速度	☒		
		流体 – 力	☒		
		速度	☒		
		固体 – 线速度	☒		
		固体 – 力	☒		

（e）

图 B.5（续） 表明初始化物理交互组件（在 A 点）、跟踪方向、变量记录以及在通过跟踪发生的值分配（在 F 结束）

B.4 仿真结果超出预期的动态调试

当仿真模型（从系统模型转换）在执行时无法产生预期的结果，这表明出现了动态错误。仿真模型能够编译和仿真，但产生偏离建模者期望的变量值。这些错误可以通过应用于系统模型的动态调试技术来识别。这些技术检查执行的仿真过程，可以准确地了解信号和守恒物质在系统中流动的时间以及它们的特性。

动态调试技术聚焦于仿真结果，这涉及前一节中由连接器连接的流特性的静态跟踪。这表明仿真过程中表征实体物质流动和信号的变量如何通过系统模型中的转换（通过约束方程和连接器的数学运算）进行关联。虽然可以在没有静态调试的情况下进行动态调试，但修复静态错误首先确保仿真模型能够编译和执行，而静态跟踪提高了对仿真过程中变量如何变化的理解。

动态调试可以在完整的系统模型上执行，但是这里描述的是系统物理交互和信号流的简化补充模型。在物理交互中，守恒物质的行为特性是它们的流率和流势。在仿真中，流率和流势表现为从系统模型连接器末端的特性转换而来的变量。这使得建模人员能够跟踪与 SysML 系统模型中特性相对应的仿真变量。SysPhS 转换程序在生成的仿真模型中使用关联结束和约束参数的名称来促进这一点，但是跟踪仿真变量可能需要对仿真语言有一定的了解。最后，就像静态调试一样，动态调试的开始是在模型中的点跟踪仿真变量转换，在模型的其余部分启动物理交互。调试前必须识别这些点。

物理交互变量仅在系统模型中对应的连接点（组件或端口）处仿真守恒物质的流动。通过在仿真时间内观察这些变量的值，并将它们与模型中的其他物理交互仿真变量进行比较，可以看到这些变量的符号变换更完整的图像。仿真工具中的图形界面表明这些值，使仿真值可与它们的数学关系进行比较。通过转换（从连接器导出的变量和系统模型中的参数图之间的数学关系）来定义系统模型中相应的流特性正确或不正确。为了可视化这些转换，观察变量在其对应的流特性经历了不止一组转换时（在一个参数图的约束中或在一个连接器所暗示的数学关系中发生的操作）观察变量。可以比较这些变量的仿真值与系统模型中与同一部分或端口相关的其他物理交互变量的仿真值，以及与变量的另一端关联连接器相关的仿真变量。

仿真变量结果的分析是在仿真运行中进行的，这要求仿真运行的时间足够长，以达到稳定状态或可识别的变化模式。检查更改是否遵循系统模型中相应的约束方程和连接器链接中指定的数学转换，这些转换可以被修改以产生更好的仿真结果。图 B.6 展示了仅物理交互系统 IBD 中一个组件（来自图 B.1）的参数图（图 B.2）中仿真变量值随时间变化与流特性之间的关系。

系统模型的进一步简化可以决定仿真结果是否有效，特别是在物理交互非常复杂的情况下。一种方法是暂时移除构件、端口和连接器，直到建模人员对变量行为的期望有很高的信心。一旦这个简化的模型产生预期的仿真结果，移除的构件、端口和连

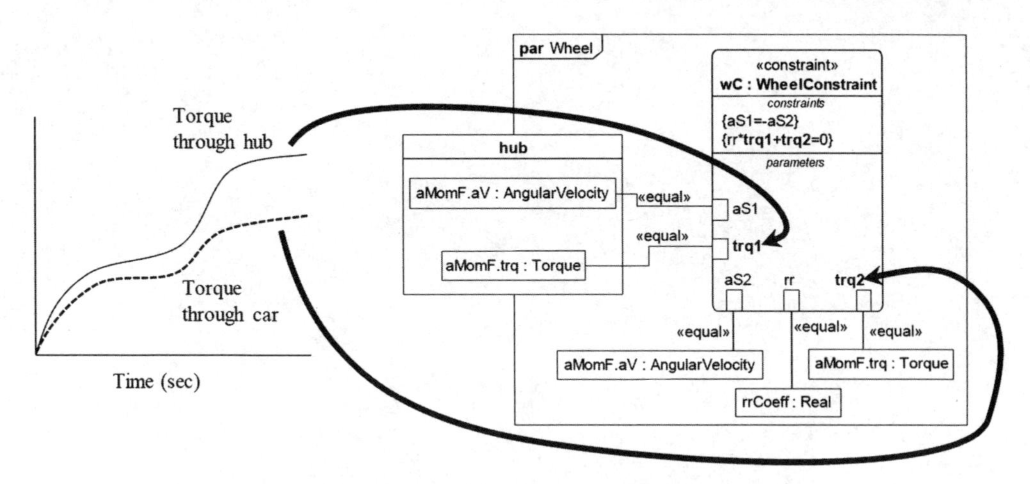

图 B.6　系统 IBD 中组件参数图中仿真变量与流特性的关系

接器可以按照被移除顺序的相反顺序（通过仿真）恢复和检查。

对于一个信号流的互补模型（如果有的话），以类似的方式重复检查仿真变量的过程。但是，在静态调试期间，从所有没有 in-flow 特性或没有拥有 in-flow 特性的端口的构件开始跟踪。在调试前，将仅具有 out-flow 特性或仅具有 out-flow 特性的端口的信号流互补模型中剩余的部分替换为使用预先指定的值为流特性赋值，值类型为 PhSConstant。

通过调试发现的错误在系统模型中进行修正，然后通过转换到仿真模型并执行它们进行测试。将系统模型转换和测试到多个仿真平台是更加健壮的，因为修正有时仅适用于一个仿真平台，而不适用于其他平台。例如，参数图中的函数调用是领域特定的，这可能需要用更通用的函数调用来替换。在某些仿真平台上也可能无法复制 SysML 中的一些建模功能，例如状态机或定义初始值的不同方法（有关仿真平台之间转换差异的更具体示例见第 10 章）。